青少年科学素质教育丛书

SHENQI DE XUNI SH

神奇的虚拟世界

韦富章　熊万安／编著

四川教育出版社
·成　都·

图书在版编目（CIP）数据

神奇的虚拟世界 / 韦富章，熊万安编著. — 成都：四川教育出版社，2011.3（2019.9 重印）
（青少年科学素质教育丛书 / 董仁威，董晶主编）
ISBN 978-7-5408-5179-8

Ⅰ.①神… Ⅱ.①韦… ②熊… Ⅲ.①虚拟技术-青少年读物 Ⅳ.①TP391.9-49

中国版本图书馆 CIP 数据核字（2011）第 014381 号

策　　划　安庆国　何　杨
责任编辑　邓　然
封面设计　毕　生
版式设计　张　涛
责任校对　严道丽
责任印制　杨　军　陈　庆
出　　版　四川教育出版社
　　　　　地　　址　成都市槐树街 2 号
　　　　　邮政编码　610031
　　　　　网　　址　www.chuanjiaoshe.com
发　　行　新华书店
印　　刷　莱芜市凤城印务有限公司
制　　作　四川胜翔数码印务设计有限公司
版　　次　2017 年 8 月第 2 版
印　　次　2019 年 9 月第 3 次印刷
成品规格　146mm×210mm
印　　张　6.125
定　　价　10.00 元

前言：虚拟照进现实

我曾经梦想拥有一片农场，牛羊成群，葡萄、香蕉、西瓜等瓜果随手可摘，花园里的鲜花四季盛开、常年不谢。但我自知自己对农活又极其懒惰，不愿真正站在烈日炎炎的农场里，像古诗里说的，“锄禾日当午，汗滴禾下土。”那样地去“面朝黄土背朝天”地耕作，而是妄想既不那么累，又能让牛羊瓜果遍山岗。说白了，就是有那么一点想要“不劳而获”的痴心妄想。

在21世纪的今天，这一切竟成了现实。我真的不用走出房间，轻点鼠标就可以在我的农场里播下瓜果和鲜花的种子，过了一两天就会看到农场里硕果累累、鲜花遍地。我饲养了奶牛、肉猪、绵羊、鸡鹅，天天都能收获牛奶、猪崽、羊毛和鲜蛋。此外我还拥有自己的豪华别墅，里面十多间房屋都是我按照自己的喜好来精心设计装修的，而这些又都是我轻点鼠标就可以完成了的。我还拥有10辆好车，总之，我想要过什么样的生活，就能过什么样的生活。你也许会认为我要么是个“暴发户”，要么就是在说梦话。事实上，我不是“暴发户”，我住的房子跟你的差不多，口袋里也没有那么多钱；我也不是在说梦话，因为我刚才描述的那些东西，就是真正摆在我面前的。只不过，它们是摆在我面前的电脑里的“虚拟世界”。

我的网络虚拟农场，怎么样，一片繁忙的景象吧？

在电脑网络里，你一样可以建造一个这样属于自己的虚拟世界。有一句话叫做“现实里无法实现的，就到梦里去实现吧”，但是梦境是虚无缥缈、难以捉摸的，睁开眼睛就看不见了；而虚拟世界不一样，它是你能够看得到的，而且还能够感受、触摸得到。虚拟世界是客观存在的，只不过它是以数字的形式存在于网络世界里。只要你愿意，你可以像在真实世界里一样，从一点一滴开始，建造一个完全属于自己的模拟的真实世界。在虚拟世界里，所有的动植物也是有生命的，它们出生，它们成长，它们死亡。你的邻居好友都是真实存在的，只不过你要当心，他们也许会趁你不注意时跑到你的菜地、花园或农场里偷你的各种农作物，他们会把你当做奴隶来买卖，他们还会给你的汽车贴条，抢走你的停车费。

这就是如今让很多都市年轻人着迷的一款网络游戏——开心网的虚拟生活。在国外，有一款让大众着迷的网络虚拟游戏叫做“第二人生”。言下之意，就是说你可以在其中过着你的另一种“人生”。这些林林总总的网络虚拟游戏，其实只不过是虚拟世界里的一种。还有更多用虚拟技术制造出来的虚拟现实，让人们目不暇接、眼花缭乱。

那么，究竟什么是虚拟世界呢？

虚拟世界，有狭义和广义两个层面的涵义。狭义的虚拟世界，是指由人工智能、计算机图形学、人机接口技术、传感器技术和高度并行的实时计算技术等集成起来所生成的一种交互式人工现实，是一种能够高度逼真地模拟人在现实世界中的视、听、触等行为的高级人机界面；广义的虚拟世界，则不仅包含狭义的虚拟世界的内容，而且还指随着计算机网络技术的发展和相应的人类网络行动的呈现而产生出来的一种人类交流信息、知识、思想和情感的新型行动空间，它包含了信息技术系统、信息交往平台、新型经济模式和社会文化生活空间等方面的广泛内容及其特征。一句话，狭义的虚拟世界是一种“模拟的世界”，广义的虚拟世界是一种动态的网络社会生活空间。也就是说，虚拟世界可分为“虚拟的幻想世界”与“虚拟的现实世界”。“虚拟的幻想世界”与《魔兽世界》游戏类似，它为玩家设置一个预定主题的幻想世界，提供预先内置的场景和工具，使玩家扮演某一角色进入幻想世界中，本质上与现实世界没有关联，多是神话和幻想作品的网络互动版本。而“虚拟的现实世界”则是为虚拟世界的“居民”提供最原始的基本虚拟要素，利用它们，居民可以在一无所有的“土地”上建造他们想要的任何东西，并对其创造的虚拟财产拥有产权，同时，虚拟世界的生活与现实世界的生活在政治、经济、文化、教育等方面存在一定的关联性。

由此，我们可以认为虚拟世界是一个不同于现实世界的由人工高科技技术如计算机技术、互联网技术、虚拟技术等所创造的一个人工世界。

事实上，在今天虚拟技术已经深深地融入我们的日常生活中。网络里的虚拟生活游戏自不必多说，青少年一代的生活已经离不开它了；电视里的虚拟主持人、虚拟歌手、虚拟模特也在频频亮相，娱乐大众；电影里的虚拟演员还跟真人争夺最佳演员奖，比如电影《指环王》中的咕噜这个巅峰造极的虚拟角色，险些还拿下了奥斯卡最佳男配角奖；还有，英国科学家已设计出了一种虚拟现实的神奇头盔，这种头盔能够模拟视觉、嗅觉、听觉、触觉甚至味觉功能，让使用者不必亲自前往遥远的度假目的地，在家中便可获得身临其境的感觉，尽情享受虚拟旅游的快乐。也许用不了多久，我们还能够身在地球，却感受拥有登陆火星或其他星球的身临其境体验，享受遨游宇宙的种种新奇和乐趣……

此外虚拟技术在城市规划、室内设计、临床医学、工农业生产、军事模拟、航天事业、房地产开发、水文地质研究、文物古迹的展示和保护、产品展示、远程购物、教育等等方面，都已经发挥了相当重要的作用。

如今的网络虚拟世界越来越真实，虚拟和真实的界限开始变得模糊。很多著名企业开始在网络虚拟生活里开设自己的虚拟店铺；路透社、新华社等新闻媒体也开始在网络虚拟生活里成立自己的分支机构，并派驻自己的专职记者，以文字、图片、视讯等各种形式发布新闻，除了报道虚拟世界的新闻，也向居民报道真实世界的新闻；瑞典、马尔代夫等国已在网络虚拟生活里设立了自己的虚拟大使馆；哈佛大学等全球50多所大学也已进驻网络虚拟生活当中，并提供真实的远程教学课程；就连美国前第一夫人希拉里在竞选总统时，也非常重视在网络虚拟游戏里开展竞选活动。

好神奇！虚拟照进了现实，虚拟成为了“现实”！

虚拟世界越来越真实，希拉里也在网络虚拟游戏中开展竞选总统活动

如果往更深的层次里想，有时候人们会产生像《黑客帝国》、《异次元黑客》（又名《第十三层楼》）等科幻影片中人们的迷茫：什么是现实的？什么是虚拟的？我们究竟是生活在现实中，还是生活在虚拟的世界里？我们今天生活的世界，是不是宇宙创造出来的一个虚拟世界？

如今就有一些人担心自己一觉醒来，发觉不过是生活在上帝或外星智慧生命创造的一个“虚拟世界”里。这并非是杞人忧天。想想看，当你生活在虚拟世界里的时候，你会毫不犹豫地相信你身边的一切都是真实的，因为我们是靠感觉来感知存在的，当我们感觉、触摸到某种事物，我们就说它是存在的。虚拟世界也许会给我们这样的错觉，它可以提供视觉、嗅觉、听觉、触觉甚至味觉的感知，让你觉得这些东西都是真实存在的，但它只不过是人们已经设计好的一些程序而已。那么我们今天生活的所谓真实世界，会不会是另一些高人已经设计好的程序呢？

这些问题，会让人浮想联翩，当然也很让人头疼不已。因为就像一首著名的歌曲所唱的那样：一切答案，都是在风中飘散。

不管怎么说，今天虚拟技术已经深深地影响了我们的生活，将来它肯定还会非常广泛地融入我们的生活当中，让虚拟世界成为我们的现实生活的一部分。但遗憾的是，我们大多数人对虚拟技术知道得还很少很少。听听美国媒体的告诫吧：“为什么我们如此重视和宣传虚拟技术？因为我们的未来由虚拟技术主宰。”

这就是我们编撰本书的原因，它将告诉你什么是虚拟技术，虚拟技术创造出了一个什么样的世界，虚拟技术将怎样影响我们的生活，未来的虚拟技术将带给我们一个什么样的神奇世界。

目 录

第一章

虚拟，还是现实？

让人着魔的虚拟世界

人类越来越了不起了。人类不满足于身边的现实世界，于是就活生生地创造出了一个虚拟世界。

或许人类是最爱做梦的一种动物。不知道其他动植物会不会做梦，反正就我们人类来说，喜欢做梦的大有人在。“人生如梦”、“曾经年少爱追梦”、“我的未来不是梦”、“一场游戏一场梦”等等，类似很多关于梦的句子充斥在我们的生活当中。人们不但爱做梦，还想方设法让梦变成现实。最早的时候，人类是通过文字、绘画、音乐来营造虚拟世界的，比如文学作品、连环漫画、乐曲、戏剧等，让观者产生一种虚拟的幻觉，仿佛置身于一个梦幻般的世界当中。后来，人们通过光影技术，比如电影、电视、三维立体成像等，更加真实地在观者面前呈现一个令人惊叹的虚拟世界。现在，人类有了网络，一个让人分不清是幻是真的网络虚拟世界，俨然已成了很多年轻人生活的一部分。

人类的创造力如此惊人，或许连上帝都开始自叹不如了：“我只不过是创造出了一个大家可以摸得着看得到的现实世界，人类却能创造出一个摸得着看得到，但根本就不存在的梦幻世界！”

在上帝的生命进化订单里，原本是没有这样的一个世界的。

人类却不管这么多，只顾陶醉在自己创造出的世界里。其中最有代表性的，就是让很多年轻人着魔的网络购物了。

也许是在当前经济大潮不景气的情况下，大多数消费者为了节约成本，开始选择网上购物替代逛街；也许是人性懒惰的原因，一些能在家里点点鼠标、敲敲键盘就能完成的消费行为，已逐步取代外出购物人潮拥挤的辛苦。近段时间以来，大大小小的购物网站销售火爆，人们无论是买书、买衣服、买手机、买化妆品，还是买菜等等，都是通过互联网进行的。这种足不出户、在家轻点鼠标就能买到自己想要的东西的消费方式，使得新的一批“宅男”、“宅女”如雨后春笋般冒了出来，网络经济获得迅猛增长。

有调查显示，2008年上半年中国19个经济发达城市中，网络购物金额达到了162亿元。其中男性网购总金额为84亿元，女性网购金额略低于男性，达到78亿元。就学生群体而言，半年

虚拟的网络购物新风潮正在改变人们的购物习惯

网购总金额已达31亿，是非学生半年网购总金额的近1/4。另据支付宝最新提供的数据显示，通过支付宝进行的电子商务日交易笔数峰值已达400万笔，日交易额峰值突破7亿元。这一虚拟世界中的经济繁荣，无疑也为当前疲软的现实经济注入了新的活力。

所谓网上购物，就是人们通过电脑网络在网上店铺中找到想要的商品，并通过电子订购单发出购物请求，然后填上网上银行账号或信用卡号码，店主就会通过邮购的方式发货或是通过快递公司送货上门。国内的网上购物，一般付款方式是款到发货（直接银行转账，在线汇款），担保交易（如淘宝支付宝、百度百付宝、腾讯财付通），货到付款等。

网上购物究竟有哪些魅力，使得它越来越受商家和消费者青睐呢？首先对于商家来说，由于网上销售不需要租店面、招雇员及储存保管等一系列费用，经营规模不受场地限制，没有库存压力，大大节省了经营的成本。其次，对于消费者来说，可以轻轻松松坐在家里“逛商店”，浏览、比较大量的商品信息，从订货、买货到货物上门无需亲临现场，既省时又省力，订货也不受时间的限制，还可以买到当地没有的商品；此外，由于网上商品省去租店面等一系列费用，相对来说比在一般商场的同类商品要便宜。可见网上购物突破了传统商务的障碍，无论对消费者、企业还是市场都有着巨大的吸引力和影响力，在新经济时期无疑是达到“多赢”效果的理想模式。而网上交易形式的不断丰富、网上支付功能的频频进步，更加促进了网络购物日益受到追捧。

事实上，网络购物在中国，已有多年的历史。早在1999年，中国的一些互联网先知们就开始建立购物网站了，但这种做法在当时遭到了经济学界的普遍质疑：有那么多的人会在线购物吗？网络购物能够解决物流配送的问题吗？最重要的是，网上购物能否解决支付问题？

答案均是否定的。到2000年，中国的网民人数仅为890万，而且大部分人并没有形成网络购物的习惯，网络购物不会有很大市场；同时，网络购物需要全国性的物流配送体系，而当时的快速物流、快速递送行业还只是处于起步阶段。另外，中国人喜欢现金交易，还没有形成刷卡消费的习惯，现在又要求大家直接在网络上输入银行资料，直接通过网络实现银行转账，短期内要解决这一问题显然不可能。

然而随着时间的推移，这些问题都逐步得到了解决。首先是网民人数的不断增多，数量成倍增长。其次，因特网电子商务在中国从概念走入应用，国内从事网络购物的公司迅速增加。但随着网络泡沫的破裂，网络购物随之也经历了一个比较漫长的“寒冬”。

2003年，一场突如其来的非典肆虐，却开辟了中国网上购物的新纪元。面对非典的袭击，多数人被困在了屋内，而要想不出门就买到自己所需的东西，只能依赖网络了。于是许多防范意识很强的人也试着网上购物。至此，有越来越多的人认识到“网上订货、送货上门”的方便，也有越来越多的人开始接受网上购物了。2003年非典过后，越来越多的人开始参与网络购物。一些图书销售网站借助图书这种低价格、标准化的商品作为网络购物的切入点，借助快递配送和货到付款的交易流程，开始逐步建立自己的市场基础，并获得了快速的成长。

随着经济的发展，网络购物逐渐成熟。在当当网、卓越网这样以图书切入市场的综合性网络商城模式之外，淘宝网、易趣网、八佰拜等一批定位明确的专业购物网站也随后兴起，并在交易额上后来居上，在短期内赢得了很大的成功。最新统计显示，截至2009年6月，中国网民数量已达到3.38亿。经过多年上网的培育，很多人都有了网上购物的体验，整个电子商务环境中的交易可信度、物流配送和支付等方面的瓶颈也正被逐步打破，一个包括多仓储中心、异地批量运输、本地快速单件递送在内的物流体系开始趋于成熟，并在中国网络购物的发展过程中起着实质性的支撑作用。同时，网上支付手段也取得了重大突破，货到付款曾经是网络购物的主要交易方式，大部分人一直对中国网上支付的发展不抱信心，但随着商业银行的创新和第三方网上支付工具的发展，网络购物便日趋成熟起来。2007年以后，中国的网络购物年均增长50%，网络购物市场规模在2009年达到近1000亿。专家预测，到2011年，中国网络购物市场规模将达到4060亿元。虚拟世界的经济潜力，实在是不可小视！

传统的零售习惯，也正被网络虚拟世界所悄悄改变。虚拟技术、虚拟设计、虚拟讨论已在悄然改变传统的零售习惯，虚拟社区购物的全过程，其实就是手机和多渠道营销的结合。比如你在街上看到某个人穿的套装觉得不错，就拍了张照片，但是哪家零售店里卖这样的衣服呢？你可以把这张照片传到网上，很快就会有人告诉你哪家商店里有卖，甚至你还因此找到一批与你有共同喜好的人。如果运气好，那家商店就会主动联系你。同样，你也可以在商场里选定一款服装样式，通过手机拍照上网，再通过这个平台去和别人进行探讨，以决定是否购买。而这些数据也会记录在零售商的数据库中，以便他们掌握每个消费者对商品的喜好，在你下次购物时他们会向你推荐你可能喜欢的商品。你甚至还可以登录网上“第二人生”的虚拟设计室，浏览那里正在设计的产品，告诉设计师自己喜欢的颜色，外观或者功能，也许不久你就能在市面上看到想要的甚至是为你量身定做的产品了。

事实上，已经有一些商家开始这样运作了。比如美国老一代的百货公司——环城百货，它制作了虚拟的客厅和厨房，消费者可以根据自己的喜好选择不同的材料、颜色和工具进行个性化的装修设计。

如今，很多年轻人因此成了网上购物的忠实拥护者，不管买什么东西，都会先到网上查查，对比一下再说。在他们看来，网购的最大好处就是方便、便宜，一台电脑加上一根网线就可以开始购物，既无需交通费，又避免堵车。从订货到拿到货物都无需亲临现场，既省时又省力。

过去，网络购物通常被认为是部分经济发达的城市白领人士的选择，但是如今，网购在一些西部偏远地区也受到越来越多人的青睐。有不少人只要能在网上买的，基本上都会选择网购，就连过年的年货都是在网上买。因为他们觉得，网上的东西种类要比当地的丰富，而且还便宜得多，给了他们更多的选择。

各种各样的购物网站让人们目不暇接

坐在家里，轻点鼠标就能买到你想要的商品

而很多拥有实体店铺的商家，也开始考虑将重心转向虚拟网店。比如有的淘宝网化妆品店老板，自己在生活中也拥有实体店铺，但是考虑到成本过高，网上生意日渐红火，就把主要精力转移到虚拟网店上来了。他们发现，虚拟网店与实体经济不但不冲突，还能帮商家扩大影响。就连西南第一商业步行街——成都著名的春熙商圈也在计划打造网上电子商务平台，把春熙路、盐市口大大小小商家的服装信息搬到虚拟网络世界中，供买家在网上选购，让传统百货与电子信息时代接轨。因为其有关负责人认为，春熙路作为实体商圈发展空间毕竟有限，如果打造虚拟空间，就可以让春熙这个品牌走得更远，吸引更多年轻群体以及外地购物者。一些服装批发商场，还能通过网络做大单的批发生意。事实上，报告显示服装是网上购买人数最多、金额也最高的商品，约57.8%的中国网上购物消费者在网上买过服装，约占全部网购金额的23.5%。

尽管虚拟世界中的网络购物越来越火爆，但不得不让人担心的是，由于目前监管体系还不健全，网上购物仍然存在较大的风险。这主要是因为网络购物是一个新兴行业，加上网络购物多数为个人，数量多、地域分散、交易灵活随意，这些都给监管带来了困难。而众多购物网站良莠不齐，由于看不到实物，图片宣传的商品和实物在规格、尺寸、质量方面会存在差异，消费者利益受损，商家和消费者之间发生纠纷的事例也屡见不鲜。加上我国个人信用体系的缺失，导致单纯依靠平台自身维护在线交易的市场秩序难度较大。在欧美国家，电子商务领域的诚信评价体系比较发达，并且根据评价结果给予网站相应的诚信标志。美国90%以上的网上购物者认为网站上的诚信标志很重要，3/4的网上购物者只在有诚信标志的网站上购买商品。目前，我国的一些网站已在逐步建立网络购物买卖双方的信用体系，但这需要一个较长的过程。

让人值得期待的是，一些新的技术也被应用到网上贸易中来，比如阿里巴巴公司计划推出的移动版诚信通服务，让人们无需电脑，通过手机也能进行网上交易。这样，只要拿起手机，也能够逛网上商城，浏览、搜索、购买你想要的各种物品了。

除了网上逛商场，网上菜篮子工程也开展得轰轰烈烈。近段时间以来，“买菜网”等各大网上菜场在全国异常火爆。原来，网上买菜多是那些苦于没有时间、又懒得跟菜贩子讨价还价的白领群体，他们只需在网上点几下鼠标，就轻轻松松地买到了菜，真是方便之极。

网上卖菜的火爆，对农民朋友来说无疑也是一个很大的商机。现在很多农村家庭里也有了电脑，连上了网络，自家的农产品可以直接拿到网上销售了。借助互联网，农民朋友们不必再担心乡村消息闭塞，可以获取外界的各种需求信息，把自己的农产品进行加工后，销售到全国各地，完全可以借此走出一条致富之路来。

“偷菜”成瘾的白领上班族

大约在2008年，凭借着“奴隶买卖”和“争车位”这两个游戏的开心网，迅速在中国的都市白领中风靡起来。之后，它又不断地推出了“买房子”、“偷菜”等小游戏，在短短一年时间里，便积累了超过3000万的用户。

最早迷上开心网的，可以追溯到北京的白领圈。最初，多数玩家在开心网上玩“买卖奴隶”和“争车位”。这种把朋友当成“奴隶”来进行买卖的虚拟游戏，让不少人得到了乐趣。“争车位”游戏说起来很简单，自己的车必须停在好友的停车

“挪车”、“偷菜”成瘾的白领上班族

场里，按时间赚钱，停满12个小时就必须得挪车位。自己的停车场则留给好友停车，并可以对其贴条没收停车费。到时间后挪车越勤快，赚的钱就越多，也就能买到更多更好的车。每个人在开心网上最多可拥有10辆车，还可任意组建自己的豪华车队去参加比赛，争夺奖杯。想想看，同时拥有10辆豪华车，比如宝马、奔驰、甲壳虫、劳斯莱斯等，这对普通人来说，是在现实世界里很难实现的愿望，但在虚拟的网络上可以如愿以偿，因而让梦想过上拥有“香车”、“豪宅”的有钱人生活的年轻人更容易获得成就感。于是，很多上班族每天早上来到公司的第一件事，就是打开电脑，把自己的车先挪一遍，然后再开始工作。

这种虚拟游戏以“实名交友”为基础，在MSN、博客等交流平台的基础上，融入了游戏的娱乐内容，让交流变成了熟人之间的娱乐，使游戏变成了朋友之间的沟通，从而形成了一个又一个迅速扩张、受人追捧的虚拟社区。于是“你怎么还不买我啊”成了大家相互之间的问候语；“回家挪车去”成了告别语；交换“知我多少”的正确答案，则成了同事们午餐饭桌上的热点话题。“今天你‘开心’了吗”、“今天你被‘虐待’了吗”等等网络流行语也成了白领阶层的生活问候语。该虚拟游戏，也因此而迅速扩张到更多的城市、更多的喜欢上网的人群当中。

后来，“种菜”、“养殖”、“买房子”等功能相继开发出来，让广大玩家更是痴迷。每当谁种的植物成熟后，一场激烈的争夺战便开始了。很多上班族一上班，就忙不迭地坐在电脑前，非常专注地“偷菜，种菜”，忙得不亦乐乎。渐渐地，“挪车”、“买卖奴隶”已提不起大家的兴趣，“偷菜”、“偷猪”成为流行。问候语也很快变成了：“今天，你偷菜了吗？”

高楼大厦的办公室里，也常常会突然爆发出一声哀嚎或惨叫，大家都会心照不宣地笑了：可能是谁种的名贵植物又被偷了。而一些“得手”的同事则会嘻嘻哈哈地打趣说：“就偷了你几个值钱的东西，用不着这么夸张嘛，大不了下次你再偷回来!”

而“某某家的母猪生了乳猪仔，赶紧去偷”这样有价值的信息，则会让大家都兴奋起来。一时间办公室里鼠标噼里啪啦地响，唯恐自己慢了一步就连乳猪仔的模样都看不到了。

不少人都有过这样的经历：掐着秒表苦苦守候着别人地里价格昂贵的“农产品”，然后拼命按鼠标，仅仅是为了当第一个收获者，因为第一个收获的人能得到双份，尤其是珍贵产品，倘若稍慢一两秒钟也许就一无所获了。此外还得煞费心思地“守住”自己菜地里的成果不被人偷了去，在蔬果成熟第一时间及时收回。否则自己辛辛苦苦种下的贵重蔬果，将会在很短的时间内就被网络里的“江洋大盗”们洗劫一空。

有的人把“偷菜”当成了例行公事，“定闹钟偷菜”已不是什么新鲜事了。一些人的手机里就设有好几个闹钟，都分别是几个好友菜园蔬果成熟的时间。有的人定的闹钟是凌晨4点多的时候起来偷菜，因为那个时候大多人都在睡觉，他就可以像个夜游神一样到朋友家的菜园里大肆“采摘”一番，然后再去睡个回笼觉。如此“敬业”精神，真是让人拍案叫绝。

有的人还因此练就了一身超人的本领：只须扫一眼就能记住自己的菜该几点收，朋友的菜什么时候能偷。因而对于别的同事需要定闹钟、写便条提醒收菜的举动，他们常常会看在眼里，偷笑在心里。

不少公司同事之间仿佛“无间道”般的偷菜“暗战”，也大有愈演愈烈之势。比如中午几个同事一起约去食堂吃饭，这时有的人手机“恰巧”响了，于是装模作样地去接电话，其实是溜回办公室里偷菜去了。也有的在食堂排队打饭的时候借口去趟厕所，让同事帮忙排个队打饭，其实是暗地里拐到办公室中偷朋友的菜去了。

甚至有的公司部门领导也加入这样的偷菜“暗战”行列。比如有的领导通知下属某个时间开会，当大家都在会议室里等得不耐烦的时候，他才满面红光地姗姗来迟，然后得意洋洋地向大家宣布说，刚才趁大家不在，他把大家菜地里成熟的瓜果都偷了个遍。弄得下属们在台下咬牙切齿、面面相觑。

有的公司领导在去外地出差前担心在酒店里上不了网，还不忘对下属千叮万嘱：“我出差期间别忘了经常上我的账号，帮我收一下菜。”年轻夫妇之间，也会经常出现半夜里老婆一脚把丈夫踢醒：“去，帮我把菜收一下，顺便去偷几个菜。”

有的人因此还遭遇了“偷菜道德批判”——他在自家的菜地里种的全是价格低廉的萝卜，却常常偷朋友们高价的灵芝、虫草。其某位朋友过于气愤，将他的“劣迹”披露在即时记录上，不一会儿便招来骂声一片。这让他感到很委屈：“这不过是个游戏而已嘛，怎么会上升到道德批判的地步呢?”想到曾经有人因为把朋友菜地里的所有高价果实全部偷走而导致两人反目的先例，他赶紧种上一地灵芝，让朋友们来随便偷，“消消气”。

事实上，着迷于开心网虚拟游戏的不仅仅有公司的白领上班族，很多学校老师、公务员、媒体人员、体育界、娱乐界明星等也为之着迷。用“痴迷”、“疯魔”来形容这些虚拟网络游戏迷并不过分。很多人都是被熟人“拉下水”，注册进入开心网的。然后每隔一两个小时就要登录一次开心网，甚至有的人成天都盯着电脑，抢“奴隶”，“争车位”，“偷菜”，“装修房子”，做各种各样的“调查”，有时候感觉自己快要成神经病了。一旦几个小时没上网，就感到很空虚，时刻惦记着自己的那“一亩三分地”。白天忙，晚上还要熬夜奋战，感觉“比加班还累”。曾有的人每天仅睡三四个小时，为的是把圈里的一位美女“买到手”。更有甚者，在回家生小孩之前发出一声哀叹：“生小孩了，我的地怎么办呢?”

不少人也知道自己沉迷于虚拟世界中“走火入魔”了，想要放弃，但还是舍不得网上的那帮或认识或不认识的朋友。有的人才加入开心网几个月，“朋友圈”就已经扩大了数倍，虚拟网络游戏成了他们人际交往的重要工具。于是有的人一边觉得“开心网”无聊，一边每天挂在线上长达10多个小时，沉醉于被朋友们轮番“争抢”和“倒卖”之中、“偷盗”与“反偷盗”之中。

虚拟世界就这样成了现实生活中的一部分，也成了SNS的典型代表。SNS的全称为“Social Networking Services”，即社会性网络服务，俗称“社交网络”。也就是通过熟人认识熟人、不断扩张交际圈子的新手段。“开心网”、“海内网”及“校内网”等，都是SNS的典型代表。

如今，以开心网为代表的SNS，成了最大众化、也是最受欢迎的“虚拟狂欢”。

虚拟世界玩出真实百万富翁

早在中国年轻人痴迷于开心网之前，其实已有一种新的生活方式在大洋彼岸的美国兴起了：三维虚拟网络生活——“第二人生”（Second Life）。这几年来，该游戏的玩家已扩展到欧洲大陆，并以迅雷不及掩耳之势席卷全球。

钟安社：虚拟世界中的首富

然而，绝不能把“第二人生”仅仅看成是一款游戏。它所做的，用专业术语来说，就是对于互联网的重新定义——在一个三维空间之中，构建虚拟的线上世界，将人类生活的各种场景、细节和体验完全复制到互联网上。换句话说，它更像是一个动画版的现实生活。在“第二人生”中，你可以购买虚拟服装，可以开虚拟飞机，一切活动场景和活动过程都是模仿现实生活的。

新加入“第二人生”的成员会被邀请来创建一个虚拟人物，网站会通过三维场景指导新手们如何建立自己的虚拟形象。在这里，你可以随意改变你的外形、你的性别、甚至你的人种，而这一切就像穿一双鞋子那样简单。在这个三维场景中，用户可以将虚拟形象移动到任何他们想去的地方，并通过键盘和语音与其他虚拟形象进行聊天。

“第二人生”与其他虚拟游戏不同之处在于，你可以创造一切你能够想象得到的东西！比如你可以把自己在游戏中的人物形象装扮成任何自己觉得有个性的样子，无论是装扮成“超人”，还是神话中的“怪兽”，或者干脆装扮成真实的自我，都没有问题。你还可以建造自己想要的任何房屋，设计各种各样的家具，缝制衣服，做首饰、艺术品等。最重要的是你可以跟其他玩家一道，共同建立自己的“城市”。无论什么，只要你想得到，在这个虚拟世界中都能创造出来。

在“第二人生”的3D生活场景中漫游，你会发现很多让人兴奋不已的地方和事物。刚开始的时候，你会有一幢可定制的房子和一笔钱，你可以选择去游戏中虚拟世界的任何一个地方旅行，或者选择追求良好的社会地位，或者从事商品的交易工作，或者制造一些特别的物品，用于收藏或交易。你还可以抽空去看望一下你的邻居，或是去商场购物，去夜总会、体育馆、教堂、图书馆、赌场等。如果你喜欢冒险，你还可以到城堡、太空站、地牢、西部小镇、天空之城等场景中去完成生与死的考验，经历不同的人生，体验不同的感受。自由自在的旅行也是游戏特色之一，你可以步行、乘船、坐飞机、坐火车，甚至坐飞碟等交通工具去任何想去的地方，而且只要你喜欢，想旅行多久就多久。

几乎来到“第二人生”的每一个新玩家，都会被这个逼真的虚拟世界所吸引，沉浸其中，乐不思蜀，甚至有些发烧友全天候“生活”在“第二人生”里，而忘掉自己身处的真实世界。

“第二人生”可以说是有史以来人类在网上建造的最大的公共虚拟现实空间，这个通过虚拟现实技术构建出来的高度拟真体验，完全颠覆了人们对于互联网社区和社会性网络的想象。如果你抱怨现实生活不够精彩，那么在“第二人生”的虚拟世界里，它比“开心网”等虚拟游戏走得更远，在那里你不仅可以飞翔，拥有大片土地、农庄，你还可以实现在现实世界无法实现的诸多梦想。更让人拍案称奇的是，你在虚拟世界里赢得的货币，可以结算成为现实世界中的真金白银！

“第二人生”设计了完整的投资和交易系统，玩家可以打广告推销商品或服务给所有玩家，赚取游戏中的货币——林登币。这种货币在其官方货币交换平台上可以自由买卖，也可以兑换成真实货币，兑换比率是271林登币兑换1美元。你在“第二人生”所创造的物品，如房屋等，你都拥有物权，可以随意将它们出售、转让或者租赁出去。不仅是土地，只要你经济上够强，一些特殊的岛屿你也可以买下来，成为传说中的“岛主”。

但如果你认为“第二人生”里的生意就像通常网络游戏中的道具买卖一样，仅仅是些小打小闹而已，那你就大错特错了。如今，已有成千上万的“第二人生”居民从他们的虚拟生意上赚到了钱。居民们出售虚拟土地、虚拟服装、虚拟珠宝等等，而且有各种各样丰富的、稀奇古怪的创新，比如一个“第二人生”居民加工出售“虚拟眼镜”，它可以让使用不同语言的人们彼此交流，因而赚到了不少钱。

与现实世界“盖房子出租好赚钱”相似的是，在虚拟世界的财富排名榜上，名列前茅的大多是经营房地产生意的玩家。有人玩“第二人生”网络虚拟游戏玩成现实中的大富翁，这听起来似乎是天方夜谭，但却真实地发生在人们面前。其中著名的，要数“第二人生”里的公民“钟安社”了。这位身着红色唐装的虚拟化身，在“第二人生”里是一位无人不知的房地产商，她成功开发房地产，创造了大量虚拟资产，折算成美元之后超过了100万美元，成为网络世界里造就的首个百万富翁，并登上了美国杂志《商业周刊》的封面。创造这个奇迹的，是德籍女华人爱林·格雷夫。

现实中的爱林·格雷夫，此前只是德国的一位华裔女教师。

爱林·格雷夫与钟安社

她生于中国湖北，20世纪90年代中期随丈夫冈特拉姆·格雷夫定居德国。在“第二人生”对公众开放之前，爱林·格雷夫就在玩其他虚拟角色游戏中颇有建树。比如她在玩网络游戏“阿圣龙的召唤”的那段时间里，为许多人制造了大受欢迎的魔法武器。声名鹊起之后，爱林·格雷夫无奈地发现，自己每天的时间都花在帮助人们制造虚拟武器上了。而且渐渐地，她开始无暇顾及所有人的需求。

2004年3月，“第二人生”开始对美英以外的用户开放，爱林决定尝试一下这个新玩意儿。于是，她根据“阿圣龙的召唤”游戏里的“阿圣龙”将自己的虚拟化身命名为“钟安社”。

在刚开始的日子里，爱林并没有任何商业计划，她只是在“第二人生”里四处闲逛，看看这个虚拟的社会究竟与现实世界有什么不一样。她发现，在“第二人生”中已经存在许多颇有成就的精英人物，很多人早在一年前就已经注册了用户。当她意识到这里存在着许多商业机会的时候，绝大多数市场已经被早期用户抢占了先机。

这时，位于美国旧金山的林登实验室——“第二人生”虚拟生活游戏的开发者，向用户开放了为角色与物体创造动画效果的新功能。爱林这才找到了属于自己的机会，她又开始重操旧业，向居民售卖自己设计的人物动画。通过转卖动画效果，她赚取到第一桶金，并由此走上了她在虚拟世界的创业之路。

玩了几个月之后，爱林发现当时的虚拟土地市场无人问津，于是用9.95美元买下了一些土地，然后将其细分并设计三维建筑和风景，再通过出租和转卖获得收入。她并不仅仅是简单地搭建房屋，而是将内部装修、物品陈设甚至是院中盆景和岛屿周边环境都依据建筑风格进行了配套设计，如果用户的电脑配置够高、互联网接入速度够快，在将日光和水波等动画效果加上之后，其建筑作品几乎令人身临其境。

2004年9月，爱林进入虚拟房产市场已经两个半月，她的商业模式还处于简单的“倒买倒卖”状态，其中并没有太多的开发成分。忽然有一天，林登实验室大幅度提高了新土地的开放速度。于是一夜之间土地价格骤然下跌，市场价还不及原先的一半。这时，绝大多数的玩家都犯了个很严重的错误，就是不愿意赔本甩卖土地，而是把土地屯在手里，这样一来他们就没有任何资金去购买更便宜的新土地了。爱林却听取了丈夫的建议，放手一搏，在将土地低价抛售的同时，大量吸纳那些刚刚出现在市场上的廉价新土地。如此的不断交易，让“钟安社”在房地产市场中崭露头角，赚到了数量不菲的虚拟游戏币。

然而，直到2005年底，当林登实验室推出可以直接和美元兑换的林登币后，爱林通过虚拟人物“钟安社”赚取的游戏币这才有了变成真金白银的可能。2006年底，爱林宣布“钟安社”在“第二人生”已经赚取了3亿林登币（合美元约110万元），一举成为虚拟世界中的房地产大亨，被媒体称为“虚拟世界的洛克菲勒”。

2006年1月，爱林·格雷夫在老家湖北武汉设立了钟安社信息科技有限公司，招聘本土人才进行虚拟世界中的地产开发。在筹备公司的过程中，支付薪水、租写字楼、购买电脑、让公

钟安社的虚拟地产

司账户中的资金满足要求……所有的事务都需要资金支持，而这些开销全部来自钟安社在“第二人生”中的交易所得。如今，这家公司已经拥有近50名员工。

目前，以收入和顾客人数为标准进行衡量，“钟安社”已经成为“第二人生”中最大的房地产开发商和服务商。其拥有的土地遍布虚拟世界的不同角落，各有不同的环境，包括山川湖泊、地中海风情、小岛风情和中国风情，供“居民”按喜好购买或租用。每块土地按位置和面积而定价，如一块“位于”杭州4096平方米的地皮约售90美元（约合人民币720元）。如今，在“第二人生”里，如果你不购买“钟安社”开发的房地产，那么你将会身陷荒芜，可能住茅屋和其他玩家相差数个时代。

事实上，在“第二人生”的商业圈中，每年至少有3000家企业赚到了2万美元甚至更多的钱。因为可以赚到真金白银，这使得用户登录的频率非常频繁，约40%居民在60天内登录至少1次，而“第二人生”的日交易金额已达到45.5万美金等值的虚拟货币。如果把“第二人生”比喻成一个娱乐王国，那么这个王国每年的国民生产总值已经达到了等值6400万美元的规模。在这里，虚拟世界与现实世界的界限，已经越来越模糊了。

“第二人生”：一个年轻人的虚拟现实梦

2003年，一个新的虚拟“国度”在地球上出现了。最开始，这里一片荒芜，没有人烟，然而短短的5年多时间里，它已成长为一个拥有900万公民，年生产总值超过7亿美元的经济体。这个神奇的“国度”，就是我们前面提到的网络虚拟现实生活——“第二人生”。这一切，其实都源于一个美国年轻人的梦想。这个年轻人叫菲利普·罗斯戴尔。

虚拟世界“第二人生”的开发者菲利普·罗斯戴尔

罗斯戴尔小时候就是一个电脑神童，他小学四年级的时候就组装了自己的第一台电脑。17岁的时候，他创办了自己第一家软件公司，靠为汽车交易商和建筑公司开发数据库系统，赚取大学学费。

罗斯戴尔从小就对电脑模拟现实非常着迷。他认为，人们使用电脑的最终目的，就是要用它来模拟现实生活，创造一个虚拟的数字世界。

1992年，著名美国科幻小说家尼尔·史蒂芬森的科幻小说《雪崩》出版，受到菲利普·罗斯戴尔的狂热喜爱。在这本小说中，斯蒂芬森描绘了一个超现实主义的数字空间“虚拟实境”，为地理空间所阻隔的人们可通过各自“化身”相互交往，度过闲暇时光，还可随意支配自己的收入。小说中的主人公是一个电脑怪才，他就过着这样的一种虚拟和现实的双重生活。他在现实世界是个比萨饼外卖递送员，但在虚拟世界中则是顶级剑客和黑客高手。小说中的虚拟世界并非是一场游戏，而是一个三维网络空间，人们可以在网络办公室中召开会议，也可以在网络酒吧中以各自的“化身”相会。

看完《雪崩》之后，罗斯戴尔兴奋不已，这与他的想法不谋而合，他一直梦想着建造一个“超自然世界”那样的虚拟实境，让人们在那里延伸现实世界。1993年，罗斯戴尔着手展开虚拟环境的研发工作。他认识到，要创造一个超现实主义的数字世界“虚拟实境”，只有一台电脑是无法实现这个梦想的，随着电脑网络的普及，大量的电脑相互联网之后，这个梦想就可以实现了。1999年，罗斯戴尔觉得相关技术足够成熟了，似乎可以做这件事了，于是他来到旧金山，开始朝自己的梦想努力。他的办公室位于旧金山的林登大街，于是他索性就把自己的公司取名为林登实验室，着手“第二人生”雏形的搭建工作。

2003年7月，林登实验室公司正式推出“第二人生”。根据他们自己的说法，它是“一个完全由其居民建设和拥有的三维虚拟世界”，并且是一个“充满人群、娱乐、体验和机会的数字大陆”。它以虚拟现实技术所构建的高度拟真体验，完全颠覆了

地球上的一个神奇“国度”——“第二人生”

人们对互联网社区和社会性网络的想象。

就像罗斯戴尔早年梦想的那样，人们终于可以在网络里通过设置的虚拟人物，过着自己真正想过的另一种“人生”了。

“第二人生”和以前流行的网络游戏不一样之处在于：这里没有怪兽给玩家打，没有升级的制度，也没有通关的概念，它根本就没有为玩家设立终极的目标，而在此之前的游戏都是以这些特性为卖点的。

随着游戏设置的不断完善，尤其是“第二人生”里引入了林登币可以按一定比例换取美元的新规则后，“第二人生”的特性就越来越突出了。这意味着，网友们在“第二人生”里并非是玩不着边际的虚拟游戏，而是可以真实地改变自己在现实世界中的生活。如果你在游戏里面是一位亿万富翁，那么当你把虚拟财产换成美元，你在现实中至少也成了一个百万富翁!

“第二人生”首页

现在，你还觉得它仅仅是个虚拟的世界吗？

随着“第二人生”推出越来越多的开放政策，该虚拟游戏也越来越逼真。在这里，只有游戏规则，没有电脑预设好的情节，所有的情节完全由你自己去挖掘，去创造，甚至生活场景都是其中的居民自己制作的。你可以在这里进行真实的商业交易，就像使用淘宝一样使用真实的银行卡。你可以向其他居民购买食品、书籍等等真实物品，然后寄到你的家里。“第二人生”还与网络通信服务提供商合作，向玩家们提供免费通话时间，使得你可以在虚拟世界里向真实的外界打电话。而美国最大的在线书店亚马逊也已进驻“第二人生”，接受这个虚拟世界里的人们购买书籍。

“第二人生”的每个玩家在其中的体验都是不同的，因为每个人的想法不一样，那么他在其中的行为和遭遇也就不一样：你想建造房子就造，想和朋友约会就约会，甚至想开一个自己的公司都可以，想怎么样就怎么样。而在此之前，这样的游戏是不存在的。这些玩家其实也不算是通常所说的玩家，而是一个世界的公民或者居民，他们就是“第二人生”的缔造者。也许“第二人生”的真正魅力就在于此。

在“第二人生”中，有的是机会，就像生活中一样，就看你能不能发现。比如英格兰有个叫克里斯·米德的，创建了“情侣动画”程序，可以让两个角色跳舞或者拥抱，结果这个小发明备受欢迎，一周之内就卖掉了上千个，一年就获得9万美元的收入。此外，随着“第二人生”的用户数量剧增，越来越多的企业开始关注并试图在其中占据一席之地。诸如可口可乐、微软、英特尔、阿迪达斯都纷纷入驻“第二人生”，通过它来展示自己的最新产品。甚至一些政治活动也已在“第二人生”上展开，作为民主党提名人参加2008年竞选的前弗吉尼亚州长马克·沃纳，就在“第二人生”里召开了答辩会。就连美国前第一夫人希拉里在竞选总统时，也不忘在“第二人生”里开展竞选活动。

每当罗斯戴尔看到用户可以通过“第二人生”发财时，他自己都感到很不可思议，但他认为用户们对在“第二人生”中创造出来的财产应该享有绝对的权利，他们的所得应视为合法的，虽然这些东西都是数字内容，但是他们的形象、服饰、著作以及设计理念都享有知识产权，这些东西的专利不管是在“第二人生”还是在现实世界中，都应当得到承认。只是，“第二人生”同样要面临着和现实世界一样的经济问题。如今，“第二人生”的经济每月以10%~15%的速度在增长，跟现实世界中新增的人口相近。这使得罗斯戴尔不得不密切关注林登币与美元的汇率，他甚至需要减少林登币供应，以压抑通货膨胀的出现。

有意思的是，这些虚拟世界里的“财产”已引起了美国国会的注意，他们正研究是否对“第二人生”里的每一项交易进行征税。

如今，“第二人生”已拥有900多万注册用户。而根据美国著名的市场调研公司高德纳的报告，到2011年之前，每5个使用网络的人中就有4个人将会成为“第二人生”这样的媒介的用户。也就是说，20亿网民中的16亿将在虚拟世界中找到新生活。

难怪像路透社这样的新闻机构，也高调宣布进驻到“第二人生”里，设置自己的虚拟分社。来自伦敦的记者亚当·帕西克担任这家新闻机构第一任虚拟总编辑，负责为“第二人生”中的居民以文本、照片和视频的形式发布来自外面世界的新闻，而真实世界的读者也可以访问路透社新设立的网站来了解“第二人生”中的新闻事件。因此假如有一天，你发现路透社发出这样的一则报道，你千万不要感到惊讶：

路透社驻“第二人生”记者亚当·帕西克电 今日上午10点，“第二人生”卡拉小镇发生了一起重大车祸，一辆丰田轿车连撞18人，致5人死亡。肇事车辆随后逃离了现场，目前网络警察正在全力追捕中。

“虚拟故宫”：坐在家里逛故宫

坐在家里逛故宫，可能吗？在如今这个网络发达的时代，没有什么是不可能的。

今天，如果你家里有一台联网的电脑，你就可以对北京

“虚拟故宫”让游客在互联网上足不出户而又身临其境地参观故宫

的故宫博物院来一次超越时空的“旅行”了。这一切，只需点击鼠标就能实现：你可以在三维的故宫虚拟世界里面四处游荡，用虚拟的小手触摸珍贵的龙榻，把玩故宫里的每一个建筑构件、每一件珍稀文物、每一处装饰处理。

“虚拟故宫”是由故宫博物院和IBM公司历时3年联合打造出的网上虚拟宫殿，又叫“虚拟紫禁城”。该项目得益于北京建筑工程学院与故宫博物院合作制作的“激光雷达故宫古建筑数字化保护与应用”的研究成果，即通过精确的激光扫描数据，客观真实地记录了古建筑的现状特征，这样就可以对故宫古建筑进行数字化保护了，即使将来这些宫殿不复存在，也可以根据这些数据将其复原。

这些精确的激光扫描数据的另一个意义，就是将故宫数字化地放进了计算机，对这些数据的进一步处理和加工，就可以制作出故宫的虚拟现实仿真模型，使游客在互联网上足不出户而又身临其境地参观故宫。

与实地游览最大的区别在于，“虚拟紫禁城”可以观赏到

“虚拟紫禁城”的三维视角让你身临其境

现实故宫里的那些未向公众开放的藏品。我们知道，故宫博物院是明清两代皇宫，拥有世界上最大、占地面积达78万平方米的古宫殿建筑群和100万件以上的历史文物。然而非常遗憾的是，由于温度、湿度和场地限制，目前公开展示的文物，不到库中藏品的2%，还有大多数文物可能永远不能和普通观众见面。

在“超越时空的紫禁城”网站下载相关软件后，就能到“故宫”里畅游一番了

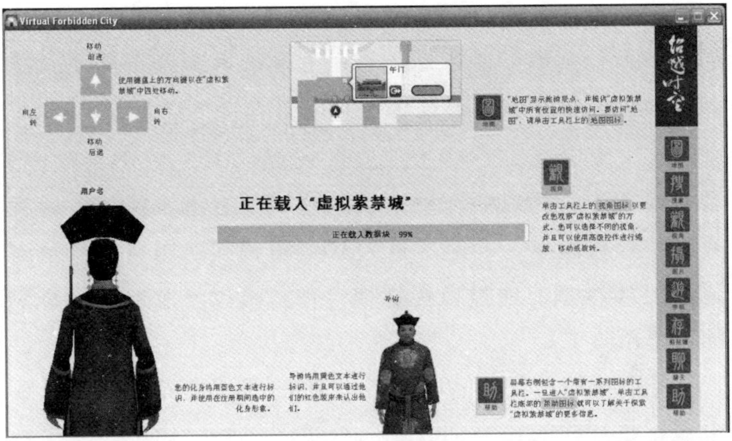

"虚拟故宫"是中国第一个在互联网上展现重要历史文化的虚拟景点

而"虚拟紫禁城"，却可以使众多隐秘的文物亮相，让世界各地的观众得以一饱眼福。

要到"虚拟故宫"里去游览一番，你只需登录"超越时空的紫禁城"网站，下载"虚拟紫禁城"软件，就可以进入到这个三维的虚拟世界里了。由于"虚拟紫禁城"模拟的是清王朝时代，因此在注册账号时，你可以从侍从、大臣、后妃、太监、公主、皇子等众多有趣的形象里，挑选一个你喜爱的形象，来代表你自己。

其实，在"虚拟紫禁城"中游逛特别简单，你只要通过四个方向键，就能轻松控制人物的前进方向。而且无论是殿宇间的穿梭，还是悠闲的广场散步，整个游览都很顺畅，场景随着你的视角变换而变换。在画面质量上，无论是建筑细节，还是围栏上的雕花，每一样都设计得十分精致，很有一种身临其境的感觉。此外借助侧边栏上的"视角"按钮，你还可以轻松地控制当前视图的高低与角度，随心所欲地一睹这座皇家园林的风采。如果你想要了解故宫里的每一座古建筑都有些什么故事，只需用鼠标点击一下想要了解的建筑模型，一个小小的窗口便会出现在画面左侧，向你介绍有关的各种常识。而且还可以利用下方的图片栏，轻松查看其中最有特色的实景照片。

除了文字介绍，“虚拟故宫”还提供了一套3D浏览模式。在游览模式中，你只要在感兴趣的建筑上右击鼠标，然后就可以通过“检查副本”功能，进入3D浏览模式，则自动显示出当前建筑的3D模型。通过鼠标拖拽，你就可以任意地浏览整个建筑的每个角落了。

有趣的是，你还可以在这个三维的虚拟世界里拍照。跟现实里照相是一样的，当你看到一处美丽风景，你走过去摆好姿势之后，点击侧边栏中的“图片”按钮，就可以得到一张你在景区里留影的照片了。拍好的照片，除了能够直接保存到“剪贴簿”中以外，还可以添加文字说明，以电子邮件的形式，发送给其他好友，你也可以拿到照相馆里去冲洗成真正的照片。而这一切，无疑都与真实的游览毫无二异。

在乾清宫可以参观万圣至尊的皇帝批阅奏章

故宫那么大，光靠两条腿走着游览，要走到什么时候呀？在“虚拟紫禁城”里，你可以省去很多现实游览中步行的疲劳——你可以通过侧边栏上的“地图”工具，快速查看当前位置及已走路线，甚至还可以点击地图里的宫殿名，直接在各个宫殿间快速跳转，非常方便。

以往在皇宫里的生活，大家只能通过影视节目才能了解。而在虚拟紫禁城中，你不但可以亲眼看见生动的清代生活场景，还能够参与到皇帝皇子们的日常生活中。在“乾清宫”、“弘德殿”和“御花园”这三个地方，你可以瞻仰万圣至尊的皇帝风采。你还可以到御花园中和公主们一起游赏，跟太监们斗蟋蟀，在射箭场与武士们切磋技艺。如果你愿意，你还可以和其他的游览者进行肢体与语言的交流！

假如你是第一次游览故宫，在虚拟世界里找不着北，想找个“导游”，这也很好办。和现实生活中的导游一样，你也可以在“虚拟紫禁城”里聘请一位“导游”。这很简单，你点击一下导游的人像，选择“加入游览”这一命令，然后就成功地加入到当前的导游队伍中了。在整个导航过程中，你的形象会自动跟随在导游身后，不用担心迷失方向。一旦到达某个景点，导游会自动停止脚步，并以聊天的形式，向你介绍当前建筑的各种知识。当然在这个过程中，你也可以自己四处游览一下，待导航继续时，软件便会自动将你位移到导游身后了。

无论如何，“虚拟故宫”之旅相信会带给你一个与现实游览差不多而又有更多不同惊喜的体验。无论你是第一次游览故宫，还是饶有兴趣的故地重游，都会在这里找到属于你自己的乐趣。

目前，在中国，“虚拟故宫”是第一个在互联网上展现重要历史文化的虚拟景点。相信随着时间的推移，将会有越来越多的虚拟景点开发出来，到那时，我们足不出户，就可以游览世界的各个著名景点了，而其体验，绝不亚于现实中的游览。

这太令人神往了。虚拟世界，就是这么神奇！

3D立体显示：影像还原一个真实世界

看过立体电影的人肯定对这些场景印象深刻：画面中狂奔的汽车突然向自己直冲而来，呼啸的子弹射向自己的胸口，漂亮女孩含情脉脉地把手伸向自己……那种犹如真实般的感觉或是使自己惊叫躲闪，或是情不自禁把手伸向画面中的人物，全然已分不清自己身处虚拟场景里，还是在真实世界中。

你可曾想过，有一天你家里的电视、电脑，甚至是你的手机的显示屏也能呈现如此逼真的立体效果？

这已不是什么幻想了。事实上，2008年我国首台具有自主知识产权的立体电视机已在重庆的一家大商场里亮相。这台60多英寸的大屏幕立体电视外表与普通等离子电视没有两样，但当电视播放节目时，就获得跟真实世界一样的立体效果：荷塘里正在点水的蜻蜓，突然起身向你飞来，而眨眼工夫，它又“回”到电视画面里去了。有趣的是，画面的字幕也会从内向外“飞”出，并且能让观

立体显示器将呈现一个更加真实的影像世界

立体电影让人们沉浸在一个恍若真实的虚拟世界里

者明显感觉字幕位置凸显在电视机外面。

不过，这种大屏幕立体电视机的售价约为每台40多万元，价格还是蛮高的，普通老百姓哪里消费得起！但是也别太失望，如今立体显示已成为视像科技的发展潮流，平板电视、高清电视、数字电视等对普通老百姓来说已经没有什么新意了，很多电视生产厂家正纷纷加入到立体电视的研发和生产队伍当中，希望能生产出价格更为低廉的立体电视，以便让立体电视进入到千家万户当中。毫无疑问，立体电视技术将是未来电视发展的必然趋势，这个技术体系将会越来越多地影响每个人的沟通方式。相信再过几年，我们就可以在家里欣赏到这种以高科技为手段还原真实世界的三维影像效果了。

立体电视究竟是什么新玩意儿，它和以前的立体电影有什么不同呢?

看过立体电影的人都知道，当你到影院里去观看立体电影时，你会领到一副一边是红色镜片、一边是绿色镜片的眼镜，通过这种奇怪的眼镜，你便能欣赏到屏幕上的立体影像效果。而当你脱下红绿眼镜之后，屏幕上则全是重影，影片就看不成了。

红绿眼镜为何会让你产生神奇的立体效果？我们不妨先来

立体电影呈现一种逼真的视觉效果

玩一个这样的游戏：闭上一只眼睛，仅张开一只眼睛视物，然后尝试把你左右两手的两个指尖对到一起。你会发现，要把两个指尖对到一起是很不容易的。双眼视物，正是人们具有立体感的关键所在。交替开闭左右眼，你会发现你看到的物体会发生位移，这就是视差。双眼看到的物体不仅仅是位置不同，角度也不同——左眼只能看到鼻子的左侧，右眼只能看到右侧。当左右眼的图像返回大脑的时候，大脑会根据两眼所看到图像的不同自动合成分析出所看到物体与自己的距离。此外，人们判断距离的第二个因素就是着色和阴影：远处的物体并不明显、亮度较差，且有朦胧感；而近处的物体更为清晰，在同等光照下也会更亮。还有，人们利用线性角度和运动视差来判断距离。对越远的物体，人们的视差越小，直到很难判断真正的距离。

一个立体显示装置，必须能够产生一个左翼和右翼的鸟瞰图，并分别提交给适当的眼睛，这是立体显示最重要的一个方面。此外，还要兼顾到着色和阴影、线性角度和运动视差等因素，才能够给两眼带来不同的画面，这需要影像内容中具备更多的细节（不同侧面、不同的明暗度），方可产生逼真的立体视

观看立体电影必须佩戴特制眼镜

觉效果。

红绿眼镜，就是最简单的分离左右眼的方式之一。它利用的是红色镜片只能透过红光，绿色镜片只能透过绿光的特性，将左右眼进行了分离。而立体电影在拍摄时，采用的是双机拍摄的方式，左右两架摄影机之间有一定的物理间距，在放映时观众戴上红绿眼镜进行两路图像分离，左右眼分别看到左右摄影机拍摄的画面，从而获得立体观感。这种红绿眼镜的成本非常低廉，在很多儿童图书上会用红绿眼镜来实现图片的立体化，让孩子们欣喜不已。不过，这种红绿眼镜也存在

红绿眼镜是最简单的分离左右眼的方式之一

先天的缺陷，就是你看到的色彩总有一些不真实的感觉，尤其是物体的边缘会有色彩，让人有种晕眩的感觉。

立体电视又称为三维电视（3D TV），它和立体电影不同，不需要戴上特殊眼镜就能观看。它利用一只眼睛也能获得立体感的特性，将一对视差信号的两幅图像先后轮流地出现在屏幕上，从而让裸眼观看也能获得立体感觉。

那么，立体电视又与现行电视有些什么区别呢？

主要的区别是，现行电视只传送一个平面的信息，而立体电视传送的是物体的浓度信息。因为现行电视摄像机只有一个镜头，只能代替人的一只眼睛摄取图像信息，所以播放出来的图像就是平面的效果。我们前面说过，人们在观看物体时用两只眼睛同时摄取一个物体的图像，两只眼睛摄取的图像有一定视差，不同深度的物体在左右两眼中形成图像的视差不同，大脑可根据这种视差的区别反映出特体的深度和距离。立体摄像机就是模拟人眼的视觉特性，设置两个镜头和两个摄像器件，用来代替人的两只眼睛摄取图像。两个镜头之间的距离及其光轴之间的夹角和距离严格模仿人的两个眼球动作，随着拍摄物体的距离变化不断进行调整，以使拍摄的两个图像的视差与人眼直接观看的视差相同。然后，立体摄像机输出的左右两个图像信号通过两个通路传送到立体电视的显像端，使得荧屏分别显示出左右两个图像，让人的左眼只能看见左眼图像，右眼只能看见右眼图像，于是，一个跟真实世界一样的立体影像效果就呈现在我们眼前了！

目前，大多数的立体显示器都是采用类似的思路：控制光线的方向，将不同的光线分别投入左右眼中。比如三洋电机公司设计的三维显示器，设备中有着多个条状遮光“图像分割棒”，通过有条件地遮挡光线，控制光线的方向，使用户的右眼和左眼分别只能看到右眼图像和左眼图像，以此实现立体效果。

也有的立体电视采用更为先进的技术。2009年1月，由TCL集团研制的全球首款商用三维立体液晶电视在深圳机场亮相。这种立体液晶电视采用了全球领先的高透过率高精密度的柱面透镜技术，从8个角度呈现不同图像，合成出多观看角度的立体图像，角度广，可视点多，画面真实立体感强，视觉冲击震撼。有意思的是，它可兼容播放2D（传统电视图像）和3D（立体电视图像）内容，画面自由转换。这款立体电视可在地铁、机场、商场等公共场所作为新型信息载体使用。

与此类似，飞利浦设计的三维液晶显示器，采用双凸透镜设计，使用户的左右眼可以选择性地看到9个视角的影像。

还有一种实现立体影像效果的方式，就是再造一个三维屏幕。美国马萨诸塞州一家公司开发的“透视者”系统，它的外观酷似一个水晶球，球的最外部是一个透明的聚碳酸酯圆顶，内部则是一块直径约10英寸的圆形屏幕。它能以每分钟900圈的速度绕竖轴转动，从而形成一个完整的立体影像面——你从不同角度可以看物体的不同侧面，立体感也是非常真实的。你看到的深度，实际上正是银幕转动过程中在不同的位置发出的光线，于是就会有很好的立体感。

可以想象，真实的立体影像需要非常强大的运算能力支持。平面需要展现的像素数是尺寸的平方，而立体影像需要展现的像素数是尺寸的立方，对系统的要求就会更高。

近段时间，英国天空电视台一直在秘密制作用于立体电视播放的体育赛事。该电视台已从2009年开始推出三维立体电视的体育赛事节目，让观众坐在家中就能享受到三维立体技术带来的和在比赛现场一样的视觉感受。该电视台曾在电影院里展示过英式橄榄球和足球比赛的三维立体节目画面，很多观看了

立体电影的拍摄采用双机拍摄方式，左右两架摄影机之间有一定距离

越来越多的世界著名大导演投入到立体电影的拍摄中

节目的观众反映，三维技术的应用让他们觉得球场就在身边，“画面看上去就好像是在起居室里发生”，“一个镜头显示球迷来回挥舞着一面大旗，给人的感觉就像是大旗在你面前挥舞一样，让人有一种想伸手摸一摸的渴望”。

美国电影院不久前也推出了职业橄榄球比赛的直播节目服

务，日本有线电视台现在每天4次播出三维立体节目。不过这些节目都是跟立体电影的原理差不多，需要佩戴特殊的眼镜才能观看，还不能算是真正的立体电视。

其实，真正理想中的三维立体显示器，应该好比一扇窗户，能让人跨越时空获得身临其境的感觉。要实现这种理想效果，恐怕还得期待激光全息电视。

如果你看过著名的科幻电影《星球大战》，那么你一定会记得这么一个场景：当卢克第一次见到莱娅公主时，是通过一段投射出来的影像。与我们今天在屏幕上看到的图像不同，这段影像是播放在虚空中的三维立体图像。它不需要荧屏，直接就在你的面前呈现出立体的影像效果，还原出一个真实的世界。这是多么高度的虚拟现实啊！

激光全息电视正在朝这方面努力。“全息”这一词会让我们联想到医学上的“人体全息图”，比如我们可以把耳朵看做是人体的一个缩影，每个部位对应着人体的不同器官，一个小小的人耳就包含了整个人体的信息，因而称“全息图”。同样的道理，全息电视就是采用多个视点进行全息图缜细分割所得的亚全息图，在屏幕上呈现出无论人们站在任何位置都能观看到高精细的三维立体图像。

这又是什么道理呢？我们都有这样的体会，洒在马路的油膜在阳光下会呈现出多种色彩，而在吹起的肥皂泡上也会看到同样的情况，这是由于肥皂泡两个面的反射光出现了干涉，称为光的薄膜干涉现象。1947年，英国物理学家丹尼斯伽柏提出了全息原理因此获得诺贝尔奖。科学家利用光波的干涉特性拍摄到一些全息照片，上面是一些干涉条纹，看不到物体的成像，但如果用具有凝聚力的激光来照射全息片，就能够再现出物体光线的全部信息。一个叫班顿的人后来又发现了更为简便的使

立体电视可以呈现出还原真实世界的三维影像效果

理想的三维立体显示器能让人产生跨越时空、身临其境的感觉

用白光还原影像的方法，从而使这项技术逐渐走向实用阶段。美国《国家地理杂志》第一次使用白色光全息片贴在封面时，呈现出令人惊奇的立体效果，使得杂志销售量由一千万份增加到再版后的一千六百万份。这一技术后由美国传到欧洲和其他国家，并广泛用于信用卡等防伪技术。激光全息摄影技术，也随之风靡全世界。

如今德国、日本的一些公司已经开发出以激光为光源的新型电视，这就是全息电视。它利用激光的特性，在大屏幕上投射出鲜亮的影像，使物体呈现出令人惊叹的三维立体效果。

激光全息电视的出现，较之立体电视无疑则又更加先进了。只是要达到《星球大战》影片里的那种在虚空中投射出的高仿真三维立体影像，人们还有一段很长的路要走。

随着立体电视的诞生，立体DVD、立体电脑、立体MP4播放器（又被称为“眼镜立体影院”“立体随身看”）、立体手机之类的产品也将纷纷面世。对于观众而言，立体显示画面所带来的视觉冲击力和真实观感，更容易受到人们的欢迎，尤其是年青一代的消费者们，很多人已在翘首期待这些新科技产品的早日应用。一旦立体显示终端进入到我们的生活里，我们的世界，将会变得越来越神奇。

你会步入“虚拟婚姻”殿堂吗？

你可曾想过，跟一位你喜欢的异性从相识、相恋，到步入婚姻的殿堂，再到“生儿育女”，但是也许你们两人从未谋过面？

这样的“婚姻”存在吗？听起来像是在梦里。

在网络世界里，这样的“虚拟婚姻”却不少。而且在年轻人当中，非常流行。

互联网上什么都可以虚拟，包括婚姻。你随便找一家提供网络婚姻的网站，注册后便可得到一间虚拟的房间，通过写博客、发照片赢取人气后，你就能在网上寻找自己在虚拟世界的

虚拟的爱情，能维持多久？

“另一半”了。一旦遇到自己理想中的“心上人”（不知道现实生活中是男是女），向他（她）“求爱”成功后，你们就可以在网络上“结婚”了。举行婚礼那天，你们可以邀请自己的“亲朋好友”参加，并在大家的嬉闹声中，你们被送入“洞房”里。婚后，你们就可以在网上“过日子”了，一起买“家具”、“电器”来布置你们“爱的小屋”，一起浇灌“花园”，一起饲养“宠物”。你们还可以领养一个“孩子”，教育和抚养孩子长大，过着幸福的生活……当然，如果你们婚后经常吵架，“网上夫妻”过不下去的话，你们还可以离婚。这一切，像模像样，跟现实生活里一样。

有趣的是，虽然大多数“夫妻”只是在网上相互玩玩而已，但也有的“夫妻”从虚拟世界里走进现实，成了真正的夫妻。

媒体曾报道这么一件真事，北京和深圳的两位网友，在一个可以提供“同居”的虚拟社区中相恋了，一聊之下得知两人还是西安老乡，就感觉更贴心了。男的就邀请女的进入他的网上“别墅”里，“居住”在一起了。在两个人的共同打理下，“别墅”收拾得越来越漂亮，一切都布置得井井有条。有了这个共同的小家后，两人每天都在网上互诉衷肠，过着虚拟的婚姻生活。后来，两人在现实中也开始联系，相互见面之后也都比较满意，于是最终喜结连理，成立了一个真正的家庭。

当然，像这样的例子是不多见的。大多网上“虚拟夫妻”不见面则已，一见面之后多半就“见光死”了，有的还会引发出现实中的悲剧事件。

对于网络“虚拟婚姻”，有的人认为这是年轻人的游戏，不必大惊小怪；有的人则认为这是严重的社会问题，年轻人道德虚无。的确，一些人在网上婚姻中寻求到了精神安慰，认为这是治疗寂寞和空虚的良方。对于已婚的人来说，把时间花在网上谈情说爱，或许能防止现实生活中婚外恋的发生。比如有的全职太太，丈夫很少在家，在寂寞无聊中就跑到网上和别人结成了“夫妻”，找回了以前的充实感觉，好玩但不出轨（当然也有出轨的）。有的人认为，在现实生活中谈恋爱、结婚又累又不自由，但在网上结婚感觉不到一点束缚，很轻松。有些人则抱着体验的心态，在结婚之前先在网上虚拟成婚养子，可以提前体验为人妻、为人夫以及为人父母的感觉，积累经验，为将来的真实婚姻做准备。

但对网络虚拟婚姻持怀疑态度的人认为，婚姻的本质是两个人共同面对真实的生活，柴米油盐，相扶到老，那么多人热衷于网上婚姻不过是游戏心态在作怪，如果“假戏真做”，将会对真实生活产生巨大影响。一些专家学者认为，网上的恋爱和婚姻已对传统的婚姻家庭制度和道德伦理观念提出了挑战，已婚者在网上安家，算不算有外遇或者重婚？网婚会不会弱化未婚者的责任感和道德意识？这些问题，也都应引起人们的关注。

调查显示，网络“虚拟婚姻”更易迎合女性的心理。这是因为，女性更重视的是情感上的交流，无论是“虚拟情人”也好，“网上同居”“虚拟婚姻”也好，给了女性一个适应和接受男性的过程，很大一部分女性希望在虚拟网络世界里营造一个理想中的家庭。对于女性而言，爱美之心人皆有之，人人都喜欢漂亮，喜欢浪漫，喜欢被关注，喜欢男性向她表白，而这些在现实中要完全做到有一定的难度。但是借助网络，男性可以无所顾忌地向心仪的女生表白，送房子、送香车、送豪宅、送花园、送钻石，这样，女性的虚荣心与男性的成就感都可以得到双重的满足。而自家的“小屋”经营得好，还可以引来其他人的关注和羡慕。虚拟的东西反而会令人充满幻想和回味，这种“网络爱情”的滋味可能比现实更美好，这些都会促使女性对“虚拟婚姻”想入非非。

然而，虚拟的美好往往会让更多的人逃避现实，终日躲在虚幻的世界里。而一味地躲避现实，或者说回避现实的诸多问题，只会让现实中的问题越来越多，虚拟世界对现实世界的影响就会越来越大，甚至造成许多悲剧的发生。

2008年，英国法院首次审理了一桩“网络离婚”案。一位妻子发现丈夫在网络上与其他女子偷情后，愤怒地选择与丈夫离婚。奇怪的是，这对夫妻最初是因为网络而结的缘：两人几年前在网上聊天时相识，继而陷入爱河，于是注册登记了结婚。这对夫妻都是网络虚拟游戏的忠实拥护者，因此他们用自己的虚拟身份在网上同时举办了一场隆重的“虚拟婚礼”。虽然网络给这对情侣带来了缘分，但最终却成为他们反目的“帮凶”。一天，妻子发现丈夫在电脑虚拟世界里和别的女人偷情。妻子大为恼怒，认为丈夫在网上和别的女人偷情，对她而言是一种欺骗。但丈夫不理解妻子为什么这么生气，认为她这是在小题大做。他辩解说，毕竟他并没有真正地去偷情。

妻子并不罢休，她使用虚拟货币在网上雇了一个侦探，调查网上的这位“虚拟丈夫”的不忠事件。后来，她又一次成功“捉奸”——丈夫正在网络里用虚拟身份和一名外国女子热烈聊天并做出不忠行为，于是前往法院起诉离婚。尽管丈夫坚称自己的行为“并没有过错”，强调自己从来没有和那名网友女性见过面，更没有发生出轨行为，但他们的婚姻最终走向了失败。

这是一件虚拟干预现实的真实案例。虚拟世界的负面影响并没有让诸多的虚拟游戏迷对网络失去热情。相反，美国的一位市场研究分析师预测，到2015年，约有2%的美国公民将在虚拟世界里结婚。这位分析师经常在一些会议上介绍他对虚拟婚姻的预测。他解释说，现在的很多孩子已经成了“虚拟的一代”，虚拟生活已经对他们产生了很深远的影响。他还预计，到2020年，企业向虚拟人做产品和服务广告的开销将超过现实世界，而且到时候至少会有一个城市选举“虚拟的匿名人”担任市长。

这位分析师认为，事实将会证明他的预测是正确的，因为人们现在已经建立起了在线友谊，减少面对面的直接联系。虚拟的新娘和新郎也许永远不会让婚姻圆满，并且从未见过面，甚至在结婚之后也可能永远不见面，但是这些在线虚拟婚姻将与现实世界的婚姻具有相同的法律意义。也就是说，你的虚拟丈夫或妻子将拥有与你的父母一样的共同财产权。当你生病了，他们一样拥有医院探视权。如果他们从来没有见过面的虚拟人在某个地方的医院里死亡，他们将有权去探视那个人。当然，如果虚拟婚姻要有现实世界婚姻的法律效力，现行的许多法律就必须要修改。

凡事有利必有弊。从道德层面来说，如果有人在网络虚拟世界里和无数异性建立起了婚姻关系，“妻妾成群”，当事者当然很高兴，但这显然违背了当今世界的道德观，这又该如何来看待呢？是该制止？还是觉得这不过是一场游戏，何必当真，而任其发展？

就算是多往好处想，网络虚拟婚姻可以让人们实现自己的理想婚姻梦，或者让许多现实生活中的“剩男剩女”们找到了自己的爱情归属，但建立在虚拟世界里的情感，说爱就爱，说分就分，来得容易，去也匆匆，有多少是真的？即便是有人真会把自己的真情实感全部投入其中，到头来却难免会竹篮打水，南柯一梦。脆弱的虚拟爱情，就像是一个美丽的泡沫，又能维持多久呢？

我们正生活在虚拟世界里？

如果你喜欢思考，你可能会产生过这样的怀疑：我们生活的这个世界，会不会是一个虚拟的世界，其实并不真实存在？

或者换句话说，我们现在自以为生活着的社会，其实不过是比我们更高级的生命设计好了的一个虚拟程序？

的确，这样的思考会让人头晕：何谓现实？何谓虚拟？我们是否正生活在一个虚拟世界里而不自知？

好莱坞影片《黑客帝国》、《异次元黑客》等，向我们展示的就是这种很有意思但也很可怕的可能性。在《黑客帝国》里，

科幻电影《黑客帝国》中，绝大多数人并不知道自己生活在一个虚拟世界里

绝大多数人并不知道自己生活在一个虚拟的世界之中，他们在出生时就被浸泡在“母体”的营养液中，他们所有的七情六欲、生老病死全部由“矩阵”（一种计算机程序）控制。然而从旁观者（电影观众）的角度来看，他们就像是一群在“第二人生”网络虚拟游戏里的玩家，每天忙忙碌碌，为生活苦苦奋斗，工作、娱乐、养儿育女等等，一切就跟现实生活中一样，却不知自己已经被完全控制了。终于有一天，有人发现了这个真相，于是决定唤醒更多的人与虚拟世界的统治者作斗争，以拯救人类。这些先知先觉的玩家，就是我们平常津津乐道的“黑客”。

《异次元黑客》（又名《第十三层楼》）也是一部构思奇异的电影。在网络技术高度发达的时代，一批科学家在计算机上开发出了一个虚拟现实系统，通过这个系统，科学家们完美地模拟了20世纪30年代的洛杉矶生活。然而有一天，开发这个虚拟现实系统的一位科学家被杀害，另一位科学家为调查事情真相，便进入到虚幻的洛杉矶城市里。他惊讶地发现，无数人生活在该虚幻的城市中，而不知道自己其实只是网络制造出来的一个幻影。更让他吃惊的是，这个虚幻城市中的某个人竟也发现了虚拟世界的真相，于是溜到了现实世界里。影片的最后，科学家还发现一个更大的秘密——原来他自己以及他周围的一切现实生活，也只不过是被制作出来的幻境……

虚拟世界之外还有虚拟世界，《异次元黑客》提出这样的疑问：“我们的世界究竟是真实的还是虚拟的？”

无论是《黑客帝国》，还是《异次元黑客》，当其中的角色发现自己只不过是一个幻影时，都表现得十分惶恐、不安和困惑。想象一下，如果换作是我们自己，当得知自己所处的世界不过是一场幻影时，又会有什么样的反应呢？

真真假假的转换，虚虚实实的混淆，这些电影和小说无疑体现出了人类对于自身存在的由来已久的怀疑：我们到底是谁？我们到底是不是真实存在着？我们所认为的现实，会不会只是一个幻影？

这样的思考，事实上由来已久。早在2000年以前，柏拉图就提出这样的观点：真实的世界只是存在于我们的想象中。而在十七世纪，法国哲学家笛卡儿也认为：我们的现实生活可能只是一场梦境，因为我们在做梦时，并不知道在梦中见到的一切是虚假的，只是醒来后才了解到这不过是场梦。那么，我们怎么能确定，我们所感受到的真实的一切，不过是另外一场梦呢？

笛卡儿还假设，有一个无比强大的“恶魔”（比如一个超级计算机系统），出于邪恶的目的，制造了我们周围的一切一切，包括人类的全部历史，我们的全部记忆……笛卡儿对这种种可能进行了周密的思考，于是得出了一个著名的结论：我思故我在。也就是说，只有思考本身才是确定无疑的，由此我们可以确定自身的存在。

笛卡儿式的怀疑并不缺少后继者。比如休谟认为，除了知觉以外，一切都是不可知的，人只能停留在感觉经验的此岸，无法到达能产生感觉经验的彼岸。也就是说，人无法把握世界的本质，感觉经验就像一道屏障，把意识的对象隔离开来，人们永远无法知道这道屏障后面是什么。康德把世界分成两个部分：现象界与本体界。人的认识只能局限于现象界，对于本体界，人们则一无所知……

在电脑、网络、数字化日益发展的今天，人们的这种对于未来的惊恐、疑虑，对于真实与虚幻的无所适从的困惑感愈来愈深。在日益网络化、数字化的今天，对于在网络化生存中的个体而言，到底什么才是真实的？是那些我们可以触摸、体会、感知的实实在在的东西吗？也许你所能感受的一切不过是嵌在你脑海里的一个小小程序而已。你是否曾经感到某个场景似曾相识？那也许不过是你脑中系统的一次调整，或者说是系统的一个小故障。

这确实是一个很有趣的思考角度。我们对真实的理解，来源于身体天生的感知和大脑的理性分析判断。而事实上，我们的感知和大脑很容易受到欺骗。以视觉为例，我们所看到的一切事物，是通过物体在视网膜投射影像来传递给我们各种跟空间和色彩有关的信息。不论是古代各种使用假象扰乱观众视线来表演的魔术，还是现代电脑技术带来的各种虚拟影像技术，都可以轻而易举地骗过人类的视觉感知，让人信以为真。同样，人类的其他感官也可以通过特定的途径被迷惑，大多数人会通过以自己所生活的世界各种信息为依据，将自己所感知的信息与之对比来判断自己所处的环境的真实性。

也就是说，我们可以通过计算技术和其他一些条件来创造一个环境，将与现实世界信息接近的各种感官信息传递给不知情的参与者。参与者会以为自己所接触到的是一个真实的世界，而实际上这个世界是虚拟出来的。那么，我们在怀疑自己生存的世界是否真实的同时，的确可以通过网络来创造另一个“真实”的世界！

更何况，每个人的的确确都正生活在自己的虚拟世界里。我们知道，人脑以认识和科学求真，但认识和科学仍然是人脑的产物，是虚拟而不是现实的。也就是说，每个人不过是生活在自己大脑营造出来的虚拟世界里而已。

好在我们的现实生活，不是《黑客帝国》里的一片废墟。虽然偶尔也会遇到自然灾害或恐怖袭击，战争烽烟也会在地球上的各个角落此起彼伏，但大部分人仍然可以安居乐业、享受人生。既然我们不可能离开我们现在所处的“现实”（或者虚幻），那么又何必去多想呢。就让我们一边感叹现实生活的诸多无奈，一边为自己的生计而忙碌奔波吧，说不定你哪天突然在宇宙的某个角落里醒来，才发现原来自己之前的这些感受和体验，不过是在玩一款叫做“地球生活”的有趣的虚拟游戏而已。

第二章

虚拟，如何现实？

“虚拟世界”元年?

2007年，美国科幻作家威廉·吉布森在接受《滚石》杂志的采访中说：“将来，我们的子孙会为我们这一代人非要在数字和真实之间画一条线而感到怪异万分。什么是虚拟空间，什么不是虚拟空间，又是如何分辨的呢?”

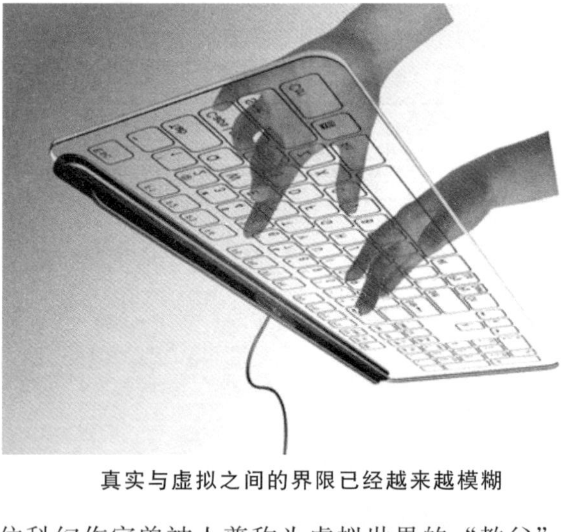

真实与虚拟之间的界限已经越来越模糊

这位科幻作家曾被人尊称为虚拟世界的“教父”，他在20世纪80年代初发表了一系列描绘虚拟现实世界的短篇故事和小说，激发了许多年轻计算机爱好者丰富的想象，其中的许多人后来积极地投身于虚拟现实的开发工作。事实上，当时虚拟空间就已经存在，只不过世界上绝大部分人并不知道。之后的20多年，真实与虚拟之间的界限已经越来越模糊。人与人连接起来了，人与物连接起来了，物与物也连接起来了，原子与比特互相渗透，没有人知道未来会发生什么。

直到2007年，一个新的名词——虚拟世界（Virtual World）频频进入媒体和公众的视野，人们才开始认真思考并接受一个新的“世界”的到来：

2007年3月，“2007虚拟世界会议”在美国纽约举办；6月，“2007虚拟交易峰会”在斯坦福大学举办；10月，“全球虚拟世界大会”在美国圣荷塞举办，“2007虚拟世界峰会”在日本东京举办，“2007欧洲虚拟世界论坛”在英国伦敦举办；11月，“2007虚拟世界会议”在德国慕尼黑举办，12月，“2007虚拟世界大会”在德国柏林举办……

如此密集程度的研讨和地域广泛的参与状况，在其他领域是不多见的。这表明，“虚拟世界”全球化热潮已经风起云涌，并将引发另一轮互联网技术的变迁和新一轮互联网创新热潮。从这一年起，虚拟世界将会真正成为公众关注的焦点。2007年，或许可以称之为“虚拟世界”元年。

资料表明，目前全球范围内已经有40余家虚拟世界运营商存在，若考虑到专业虚拟世界平台之外的相关环节，这个数字将会更多。据保守估计，涉及虚拟世界概念的相关软件企业、专业营销机构和制作机构，全球不下200家。

正是由于众多的相关机构在前赴后继的探索研究，让我们逐步触摸到了虚拟世界的未来。那么，什么是虚拟世界呢？

虚拟世界，主要有狭义和广义两个层面的含义。狭义的虚拟世界，是指由人工智能、计算机图形学、人机接口技术、传感器技术和高度并行的实时计算技术等集成起来所生成的一种交互式人工现实，是一种能够高度逼真地模拟人在现实世界中的视、听、触等行为的高级人机界面。一句话，狭义的虚拟世界是一种“模拟的世界”。

广义的虚拟世界，不仅包含狭义的虚拟世界内容，而且还随着计算机网络技术的发展和相应的人类网络行动的呈现而产生出一种人类交流信息、知识、思想和情感的新型行动空间。它包含了信息技术系统、信息交往平台、新型经济模式和社会文化生活空间等方面的广泛内容及其特征。一句话，广义的虚拟世界是一种“动态的网络社会生活空间”。

因此我们可以认为虚拟世界是一个不同于现实世界的由人工高科技技术如计算机技术、互联网技术、虚拟现实技术等所创造的一个人工世界。其中最为核心的是虚拟现实技术（简称VR)。虚拟现实技术，又称灵境技术，是以沉浸性、交互性和构想性为基本特征的高级人机界面。

目前，在互联网上所表现出的虚拟世界，是以计算机模拟环境为基础，以虚拟的人物化身为载体，用户在其中生活、交流的网络世界。它重在鼓励用户展开创造和社交活动，并且为用户提供了直观的图形化界面和“沉浸感”很强的活动场景，用户不仅可以获得身临其境的逼真体验，还具有超现实的想象和创造的机会。虚拟世界的用户常常被称之为“居民”。居民可以选择虚拟的三维模型作为自己的化身，以走、飞、乘坐交通工具等各种手段移动，通过文字、图像、声音、视频等各种媒介交流。我们称这样的网络环境为“虚拟世界”。尽管这个世界是“虚拟”的（因为它来源于计算机的创造和想象），但这个世界又是客观存在的，因为它在“居民”离开后依然存在，真实的人类虚幻地存在，时间与空间真实地交融，这是虚拟世界的最大特点。互联网上的虚拟世界，又可分为“虚拟的幻想世界”

与“虚拟的现实世界”。

“虚拟的幻想世界”是往往有着一个预定主题的幻想世界，例如“魔兽世界”，它是神话和幻想作品的网络互动游戏，它为玩家提供了预先内置的场景和工具，使玩家扮演某一角色进入幻想世界中，伙同他人去捕杀怪兽，以此不断提升自身等级从而获得更高的技能，赚取更多的游戏币来购买更强大的装备和道具，本质上与现实世界没有关联。

“虚拟的现实世界”是为虚拟世界的“居民”提供最原始的基本虚拟要素，利用它们，居民可以在一无所有的“土地”上建造他们想要的任何东西。居民对其创造的虚拟财产拥有产权，由创造者决定他们的产品是否可以被复制、修改或者转手。要人们自己来创造与扩展虚拟世界中的“现实”。同时，虚拟世界的生活与现实世界的生活在政治、经济、文化、教育等方面存在一定的关联性。比如用户可以在虚拟世界中创造自己的家园，还可以在其中展开虚拟物品交易，积累财富，产生专做虚拟地产生意的百万富翁，如网络虚拟生活“第二人生”里的“钟安社”。

美国“第二人生”的成功，使得一批新的虚拟世界运营商不断涌现，也让这个领域成为新兴的投资热点。数据表明，从2006年10月到2007年10月，“虚拟世界”相关领域的投资、并购总金额已逾10亿美元。特别是迪士尼斥资3.6亿美元收购了成立才两年的“企鹅俱乐部”，引起了业内的震动。美国《商业周刊》认为，下一个明星网站，将会出现在虚拟世界类网站中。

在这种虚拟世界全球化热潮推动下，中国也有一些虚拟世界网站如Hipihi（海皮士）、Novoking（创想王国）、Uworld（由我世界）、开心网、乐游网等开始涌现。但是由于中西方文化、社会语境和互联网生态环境有着很大的差异，如何针对中国用户的特点，设计出满足中国用户口味的虚拟世界，是所有中国虚拟世界运营商们所要解决的首要问题。业内人士一致的看法是，如果不加选择地照搬西方虚拟世界，特别是“第二人生”的模式到中国，必定是死路一条。所以“创想王国”首先突出娱乐性，提供了迪斯科舞厅、酒吧、夜总会等娱乐场所，以及时装秀、家具秀、宠物、逛街、游戏等各种各样的娱乐方式。此外，“创想王国”还提供了离线创造上传功能，可以有效引导和推动用户积极创作，因为在中国有着数量众多的职业三维图形设计师、大专院校主修设计专业的学生和一批三维动画设计发烧友，这部分数量惊人的人群将会成为虚拟世界主要的创造者，而他们对于专业三维图形设计工具的驾轻就熟，使得他们不用再学习类似“第二人生”提供的复杂的创造工具，很容易就把他们想创造的东西做出来并上传到虚拟世界中。

过去的这几年中，全球越来越多的人投入越来越多的时间在玩网络游戏，从现实中“移民”到虚拟世界中，形成了规模日趋庞大的虚拟社会和虚拟经济。人们花时间沉浸在虚拟世界中是因为觉得有趣、好玩，获得现实世界中所不能得到的满足感，提升个人的幸福感，并从虚拟世界中学习经验。开放的虚拟世界平台，因为赋予了玩家从内容到规则生产的最大自主权，已经成为当时非常好的社会经济和政治的实践和创新场所，引发了全球关注。实际上，虚拟世界跟真实世界正走向融合。游戏性虚拟世界，直接投射了真实社会的集体意识。比如在有的虚拟世界里，居民可以自主组建“共和国”，还有经济和金融的创新实践。人们同时生活在两个世界，往返于两个世界。在虚拟世界里，人的权利更大于真实世界，倘若遇到规则不平等，最极端的选择就是关机，下网走人，退出世界；但在真实世界，人们很难退出。这就使得更多的人愿意选择生活在虚拟世界里，充当自己世界中的王者。

除了互联网里的虚拟世界，还有一些使人们产生现实沉浸感的各类输出装置，例如头盔显示器、立体电影、激光全息电视、数据手套等，它们利用各种虚拟现实技术，在现实空间之外创造另一个尽可能真实的、互动的虚幻世界，使人类可以不受任何限制地在自己的梦想里散步、观察并且动手操作。

毫无疑问，虚拟现实技术等人机交互技术正在改变我们的社会气候和现实生活。这听起来真的有些不可思议，虚拟现实技术究竟是一种什么样的技术，能有这么的神奇，竟能创造出一个活生生的虚幻世界，让人们的生活从此为之一变？下面，我们将着揭开虚拟现实技术的神秘面纱。

揭开“虚拟现实技术”的神秘面纱

20世纪80年代初，美国科幻作家威廉·吉布森发表了一系列描绘虚拟现实世界的短篇故事和小说。这些科幻小说激发了许多年轻的计算机爱好者丰富的想象，其中许多人后来积极投身于虚拟现实的开发工作。1989年，“虚拟现实”一词由美国VRL公司的创建人之一拉尼尔提出，简称VR，又称灵境技术。它是一种基于可计算信息的沉浸式交互环境，即采用以计算机技术为核心的现代高科技生成逼真的视、听、触觉一体化的特定范围的虚拟环境，用户借助必要的设备以自然的方式与虚拟环境中的对象进行交互作用、相互影响，从而产生亲临真实环境的感受和体验。它具有三个重要特征：沉浸性，交互性，想象性。

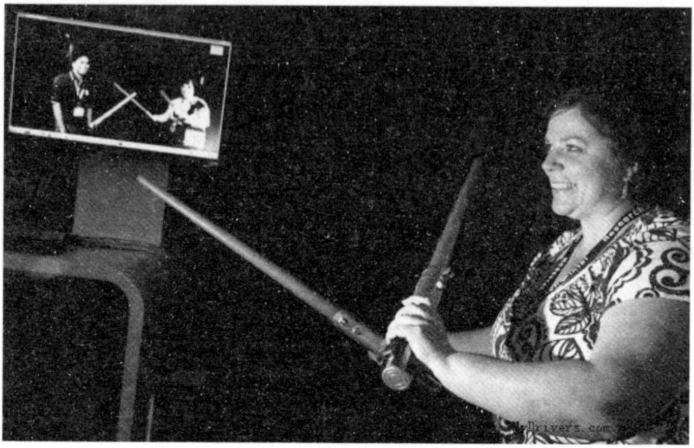

虚拟现实技术，可以构造出逼真的三维虚拟环境

通俗点说，虚拟现实就是人们利用计算机生成一个逼真的三维虚拟环境，通过自然技能使用传感设备与之相互作用的新技术。它与传统的模拟技术完全不同，是将模拟环境、视景系统和仿真系统合三为一，并利用头盔显示器、图形眼镜、数据服、立体声耳机、数据手套及脚踏板等传感装置，把操作者与计算机生成的三维虚拟环境连接在一起，仿佛置身于一个幻想世界中。操作者通过传感器装置与虚拟环境交互作用，可获得视觉、听觉、触觉等多种感知，并可以按照自己的意愿去改变虚拟环境中的“物体”。比如计算机虚拟的环境是一座楼房，内有各种设备、物品，操作者会如同身临其境一样，可以通过各种传感装置在屋内行走查看、开门关门、搬动物品；对房屋设计上的不满意之处，还可随意改动。

可以说，虚拟现实技术是高度发展的计算机技术在各种领域的应用过程中的结晶和反映，它不仅包括图形学、图像处理、模式识别、网络技术、并行处理技术、人工智能等高性能计算处理技术，而且涉及数学、物理、通信，甚至与气象、地理、美学、心理学和社会学等相关。

总的来说，虚拟现实技术包括“实物虚化”、“虚物实化”和高性能的计算处理技术三个主要方面。

“实物虚化”是现实世界空间向多维信息化空间的一种映射，主要包括基本模型构建、空间跟踪、声音定位、视觉跟踪和视点感应等关键技术，这些技术使得真实感虚拟世界的生成、虚拟环境对用户操作的检测及操作数据的获取成为可能。它具体基于以下几种技术：

（1）基本模型构建技术。它是应用计算机技术生成虚拟世界的基础，它将真实世界的对象物体在相应的三维虚拟世界中重构，并根据系统需求保存部分物理属性。例如车辆在柏油地、草地、沙地和泥地上行驶时情况会有所不同，或对气象数据进行建模生成虚拟环境的气象情况（阴天、晴天、雨、雾等）。

（2）空间跟踪技术。主要是通过头盔显示器、数据手套、数据衣等常用的交互设备上的空间传感器，确定用户的头、手、躯体或其他操作物在3D虚拟环境中的位置和方向。

（3）声音跟踪技术。利用不同声源的声音到达某一特定地点的时间差、相位差、声压差等进行虚拟环境的声音跟踪。

（4）视觉跟踪与视点感应技术。使用从视频摄像机到X-Y平面阵列、周围光或者跟踪光在图像投影平面不同时刻和不同位置上的投影，计算被跟踪对象的位置和方向。

“虚物实化”是指确保用户从虚拟环境中获取同真实环境中一样或相似的视觉、听觉、力觉和触觉等感官认知的关键技术。能否让参与者产生沉浸感的关键因素除了视觉和听觉感知外，还有用户能否在操纵虚拟物体的同时，感受到虚拟物体的反作用力，从而产生触觉和力觉感知。力觉感知主要由计算机通过力反馈手套、力反馈操纵杆对手指产生运动阻力从而使用户感受到作用力的方向和大小。触觉反馈主要是基于视觉、气压感、振动触感、电子触感和神经、肌肉模拟等方法来实现的。

高性能计算处理技术主要包括数据转换和数据预处理技术；实时、逼真图形图像生成与显示技术；多种声音的合成与声音空间化技术；多维信息数据的融合、数据压缩以及数据库的生成；包括命令识别、语音识别，以及手势和人的面部表情信息的检测等在内的模式识别；分布式与并行计算，以及高速、大规模的远程网络技术。

虚拟现实技术，可以构造出非常精彩的感知世界。世界上万事万物都可以虚拟化，任何行为也可虚拟化。比如虚拟演员、虚拟主持人、虚拟驾驶、虚拟旅行、虚拟射击、虚拟城市生活、虚拟手术、虚拟动植物生长、虚拟生产等。

在虚拟世界里，没有做不到，只有想不到。显然利用虚拟现实技术进行建筑、机械、兵器等设计修改，实施技术操作训练和军事演习活动要容易得多，也便宜得多。1994年，美国陆军的“路易斯安娜94”作战演习，就是利用虚拟现实技术进行的。这次演习不但试验论证了美国陆军制定的条令、战术和部队编成，使之更加符合21世纪的作战要求，还节约演习经费近20亿美元。

虚拟现实技术潜在的应用范围很广，诸如国防、建筑设计、工业设计、培训、医学领域。例如建筑设计师可以运用虚拟现实技术向客户提供三维虚拟模型，而外科医生还可以在三维虚拟的病人身上试行一种新的外科手术。

目前，世界上少数发达国家在经济、艺术乃至军事等领域，已开始广泛应用这种高新技术，并取得了显著的综合效益。从90年代初起，美国率先将虚拟现实技术用于军事领域，主要用于以下四个方面：一是虚拟战场环境。即通过相应的三维战场环境图形图像库，包括作战背景、战地场景、各种武器装备和作战人员等，为使用者创造一种险象环生、逼近真实的立体战场环境，以增强其临场感觉，提高训练质量。二是进行单兵模拟训练。让士兵穿上数据服，戴上头盔显示器和数据手套，通过操作传感装置选择不同的战场背景，输入不同的处置方案，体味不同的作战效果，进而像参加实战一样，锻炼和提高技术水平、快速反应能力和心理承受力。如美空军用虚拟现实技术研制的飞行训练模拟器，能产生视觉控制，能处理三维实时交互图形，且有图形以外的声音和触感，不但能以正常方式操纵和控制飞行器，还能处理虚拟现实中飞机以外的各种情况，如气球的威胁、导弹的发射轨迹等。三是实施诸兵种联合演习，建立一个“虚拟战场”，使参战双方同处其中，根据虚拟环境中的各种情况及其变化，“调兵遣将”、“斗智斗勇”，实施“真实的”对抗演习。四是进行指挥员训练。利用虚拟现实技术，根据侦察情报资料合成出战场全景图，让受训指挥员通过传感装置观察敌我兵力部署和战场情况，以便判断敌情，做出正确决定。美国海军开发的“虚拟舰艇作战指挥中心”就能逼真地模拟与真的舰艇作战指挥中心几乎完全相似的环境，生动的视觉、听觉和触觉效果，使受训军官沉浸于“真实的”战场之上。

当然，虚拟现实还是一门年轻的科学技术，这种人机交互技术尚存在不少有待解决的问题。例如在计算机生成的虚拟环境中，操作者每次转动头部，计算机必须更新三维图像，由于更新的数据太大，以致计算机还无法完成实时运算。这就造成了系统滞后。再如美空军的虚拟现实模拟器产生的视觉运动信号与人的感觉之间也存在差异，容易引起头痛、眩晕等。

但不管怎样，虚拟现实技术毕竟开辟了富有发展潜力的新领域，它会随着时间的推移日臻完善，在各种领域的应用将会越来越广泛，发挥的作用也将会越来越大。

梦幻般的虚拟世界能够呈现在我们面前，可以说得益于人机交互技术的发展。正是由于人机交互技术的不断发展完善，才使得虚拟世界，一步步成为现实。

人机交互技术看上去是一个很冷冰冰、很技术的名词，但是它无时无刻不在改变着我们的生活，它无处不在，与我们如影随形。那么，人机交互的研究又是从什么时候开始的？虚拟世界，是如何一步步走向现实的？

最古老的人机交互，可以追溯到穿孔卡的发明。

穿孔卡：最古老的人机交互技术

让我们回到公元1880年。这一年，美国举行了一次全国人口普查，为当时5000余万美国人登记造册。在美国人口调查局从事统计工作的赫曼·霍列瑞斯博士，却望着堆积如山的人口登记册发愁。因为根据他的估算，要分析这些千辛万苦收集到的数据，人口调查局普查至少需要花费7年时间。也就是说，美国政府和公民们，几乎要到下一次人口普查时，才能得知这次普查的人口状况。

霍列瑞斯整日埋在“数据堆”里，一天下来也算不出几张表格。他想，他们迫切需要一种机器，来帮助完成繁重的统计制表任务。

霍列瑞斯1860年诞生于纽约州北部一个德国侨民家庭。他从小喜爱数学，一般人看来枯燥乏味的数字，他却有浓厚的兴

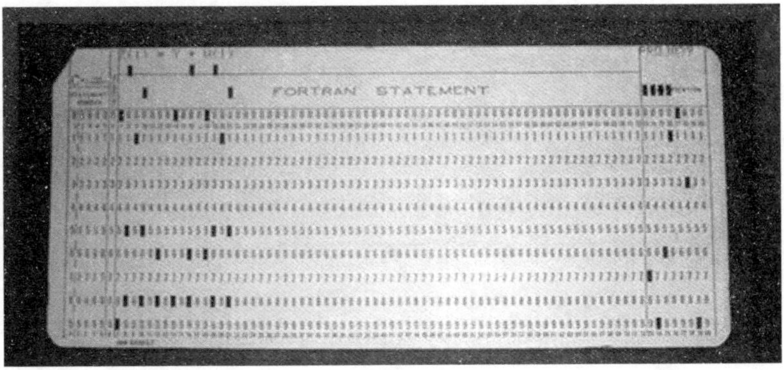

穿孔卡

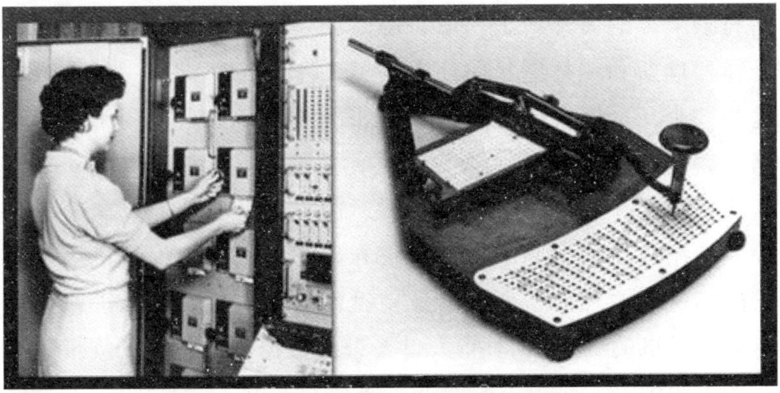

穿孔卡写入器

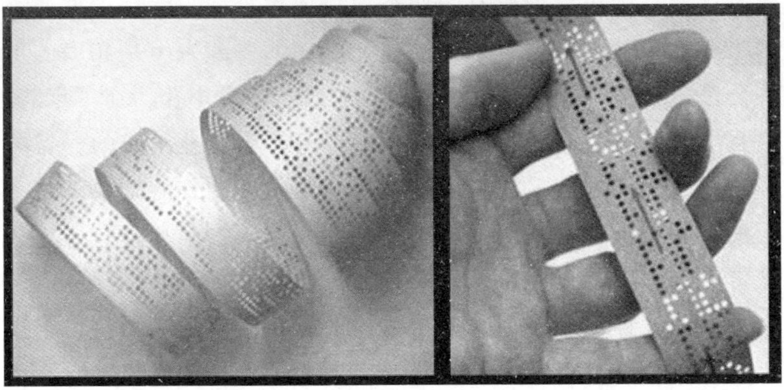

穿孔带

趣。19岁那年，他从哥伦比亚大学矿业学院毕业，获得博士学位，并在人口调查局谋到了一份职位。在人口调查局工作期间，发生了一件有趣的事情：霍列瑞斯爱上了一位名叫凯特的漂亮姑娘，而凯特的父亲——约翰·比林斯博士却是美国陆军派往人口调查局主管卫生统计的军医。在一次交谈中，两人不约而同地提到人口普查统计机械化的问题，也同时想到这种机器可以由80年前法国纺织工程师杰卡德发明的编织机改造而成。杰卡德的这种编织机，采用穿孔纸带上的小孔来控制编织操作步骤，相当于“编写程序”。真可谓“英雄所见略同”，他们与杰卡德的灵感如出一辙，都受到“穿孔纸带”的启示，只是霍列瑞斯和比林斯又向前迈进了一步，他们提出：纸带上的这些“小孔”不仅能控制机器操作的步骤，而且能用来运算和储存数据。

得到比林斯的鼓励，霍列瑞斯信心倍增，从此以全部身心投入到制表机的研制中。他设法弄到一台杰卡德编织机，剖析它的构造和原理。霍列瑞斯最初设计的制表机，也几乎就是杰卡德编织机的“翻版”。将人口普查的数据制成“穿孔纸带”没有多大的困难，每个人的调查数据有若干项，诸如性别、籍贯、年龄等等，他可以把所有的调查项目依次排列，然后根据调查结果在每人的相应项目位置上穿孔。例如盖茨先生是40岁的男性公民，就在“性别”栏目“男”的名下打个小孔，在“年龄”栏目“40”之下也打个小孔，如此等等。当穿孔纸带的栏目统统被打上小孔之后，它就详细记录了某一次调查的结果。每个人的不同统计项目，都由适当的小孔来记录，小孔分布于一条纸带上，由引导盘牵引控制前进。

基于这种设想，1884年，霍列瑞斯制作完成了第一台制表机。机器上装备着一个计数器，当穿孔纸带被牵引移动时，一旦有孔的地方通过鼓形转轮表面，计数器电路就被接通，完成一次累加统计。该原始的制表机也有不足之处，主要是用“穿孔纸带”输入只能统计出总数，无法对个人数据进行分类和修改，也无法重新登记。

一天，霍列瑞斯要乘火车到美国西部去出差，路上仍在苦苦思考改进制表机的办法。他在检票口处掏出火车票递给检票员，检票员把票拿过去后，“咔嚓”一声，在属于他的这张“个人”车票上打了一个小孔。霍列瑞斯眼睛一亮：一个人一张车票，车票就是每个人身份的个人记录。穿孔纸带造成数据无法分类的困难，就这样迎刃而解：把连续的“穿孔纸带”换成每人一张“穿孔卡片”，就是这么简单！霍列瑞斯兴奋得火车也不坐了，转身朝车站大门口走去。

由于改用“穿孔卡片”输入数据，霍列瑞斯把他的制表机做了较大的改动。他用一种压力装置替代了牵引盘，数据卡片被夹在上下两个压力板中，下部压力板静止不动，上部压力板则带动卡片向前移动。更巧妙的设计在于“自动统计”。改进的机器上安装了一组盛满水银的小杯，穿好孔的卡片就放置在这些水银杯上。卡片上方有几排精心调好的探针，探针连接在电路的一端，水银杯则连接于电路的另一端。与杰卡德编织机穿孔纸带的原理类似：只要某根探针撞到卡片上有孔的位置，便会自动跌落下去，与水银接触接通电流，启动计数装置前进一个刻度。

由此可见，霍列瑞斯穿孔卡表达的也是二进制信息：有孔处能接通电路计数，代表该调查项目为“有”（“1”），无孔处不能接通电路计数，表示该调查项目为“无”（“0”）。

直到1888年，霍列瑞斯博士才真正完成自动制表机的设计并申报了专利。他发明的这种机电式计数装置，比传统纯机械装置更加灵敏，因而被1890年后历次美国人口普查选用，获得了巨大的成功。例如1900年进行的人口普查全部采用霍列瑞斯制表机，平均每台机器可代替500人工作，全国的数据统计仅用了1年多时间。

自动制表机获得成功，也使霍列瑞斯看到了一个有巨大前景的市场。1896年，他趁热打铁创办了一家专业制表机公司，影响力甚至扩大到俄罗斯、加拿大和挪威等国。然而统计学家毕竟缺乏经商才干，他的公司不久便因资金周转不灵陷入窘境，只好任别人收购。这家公司，最终发展为著名的美国国际商用机器公司（IBM）。

二战期间，霍列瑞斯的制表机为战争机器的高效运转立下了汗马功劳。美国军方的后勤系统和前线指挥系统大量使用制表机，士官的军饷、伤亡情况，轰炸机的命中率等等，都被制成图表。二战结束后，美国的政府部门、学校都利用穿孔卡片来记录雇员和学生的信息，企业也将穿孔卡片纳入到生产管理之中。就像今天的磁卡一样，穿孔卡片广泛地融入了人们的生活，上班要打卡，就医要打卡，就餐也是打卡。

1946年，第一台电子计算机ENIAC诞生时，由于当时键盘和打印机还没有诞生，数据输入和输出全部依靠卡片打孔机和读卡机。没有这些人机交互设备，计算机根本无法发挥作用。那个时候，人们想要编程，就必须用打孔机先在卡片上凿出一个个小孔，然后将这一大沓卡片一张张顺序插入卡片阅读机中，才能将程序全部输入到计算机中，运算结果也是通过纸带穿孔机的纸带输出。在到处都是芯片控制识别的今天，这种打孔识别的方式仍然被广泛使用。

虽然霍列瑞斯的发明并不是通用计算机，除了能统计数据制造表格外，制表机几乎没有别的什么用途，然而制表机的穿孔卡第一次把数据转变成二进制信息。在早期计算机系统里，这种用穿孔卡片输入数据的方法，一直沿用到20世纪70年代，数据处理也发展成为电脑的主要功能之一。霍列瑞斯为穿孔卡计算机的发展奠定了基础，也使他跻身于“数据处理之父”的行列。

穿孔卡可以看做是最早的人机交互，尽管霍列瑞斯的初衷不是在于人机交互。杰卡德和霍列瑞斯，分别开创了程序设计和数据处理之先河。以历史的目光审视他们的发明，正是这种程序设计和数据处理，构成了电脑“软件”的雏形，对于后来的人机交互技术的大行其道，可以说是功不可没。

键盘和鼠标：电脑走向“人机合一”

今天，个人电脑最常用的输入设备是键盘和鼠标。它们使得人和计算机实现了“人机合一”。

在早期的手工作业阶段，计算机还没有鼠标，并且只能由设计者本人来使用。设计者采用手工操作和二进制机器代码的方法，去适应十分笨拙的大型计算机。后来，进入作业控制语言及交互命令语言阶段，计算机可以由程序员操作，采用批处理操作语言或者交互命令语言的方式与计算机打交道，虽然程序员要记忆许多命令语言，并且要熟练地敲打键盘，但这时已经可以使用比较方便的手段来调试程序，也可以随时了解计算机执行情况。

1968年，世界上出现了第一只鼠标。这是一只小木头盒子，

键盘和鼠标使电脑在“人机合一”的道路上迈进了重要的一步

工作原理是由它底部的小球带动枢轴转动，并带动变阻器改变阻值来产生位移信号，把移动距离及方向的信息变成脉冲送给计算机，信号再经计算机处理，屏幕上的光标就可以移动，从而达到指示位置的目的。

鼠标的发明人是美国科学家道格拉斯·恩格巴特。恩格巴特是电脑界的一位奇才，也是一位卓越的思想家和发明家。他穷其一生的精力，想为人类研制出更加智慧的计算机，并在超文本和超媒体系统、人机交互和网络技术等诸多领域都做出了天才的预见和提出了理论框架。他一生著有25部著作，拥有20多项发明专利，比如他发明了视窗、文字处理系统、在线呼叫集成系统、共享屏幕的远程会议、超媒体、新的电脑交互输入设备、群件等等，但人们提起他时，却只知道他发明了鼠标。

有趣的是，当初恩格巴特设计鼠标是为了指点文件，而不是作画。他的初衷就是为了使计算机的操作更加简便，来代替键盘那繁琐的指令。

二战期间，恩格巴特曾担任过舰艇雷达技术员，战后获加州大学伯克利分校博士学位。他常常幻想着电脑也能像雷达一样显示图形，并可以通过操纵杆来控制操作。1964年，在国防部高级规划研究署资助下，恩格巴特建立了一个“扩增研究中心”来实现他的梦想。

发明鼠标的道格拉斯·恩格巴特博士

1968年12月9日，在美国秋季计算机会议上，恩格巴特向与会者展示了他的新发明：鼠标。只见他用个粗糙的小木头盒子，连上一台显示器，与一个键盘一起成功远程操作25公里以外的一台简陋的大型计算机。这在仍然采用穿孔卡输出的时代，引起了极大轰动。所以有的人把这一天当成鼠标的诞生日。

恩格巴特的鼠标仅有一个按键，而不像现代鼠标有3个按键。它的底部安装着金属滚轮，用来控制光标的移动。1970年获得专利时，这个小装置的名称是“显示系统X-Y位置指示器”。后来这种移动光标和实现选择操作的计算机输入设备，被称为“鼠标”（英文原名是“Mouse”），很多人对于这个词有很多的理解，比如“滑鼠”、“电子鼠”等。美国有人开玩笑说，只有男人才会想到把它叫做“鼠标”，因为在美国俚语里，“老鼠”（Mouse）也有“女朋友”的寓意。

然而恩格尔巴特鼠标在问世后的几年时间里，并不被重视。直到1979年12月，施乐PRAC研究中心的科学家拉瑞·泰斯勒演示了窗口、图标、菜单，还有随着鼠标移动的光标，鼠标的重

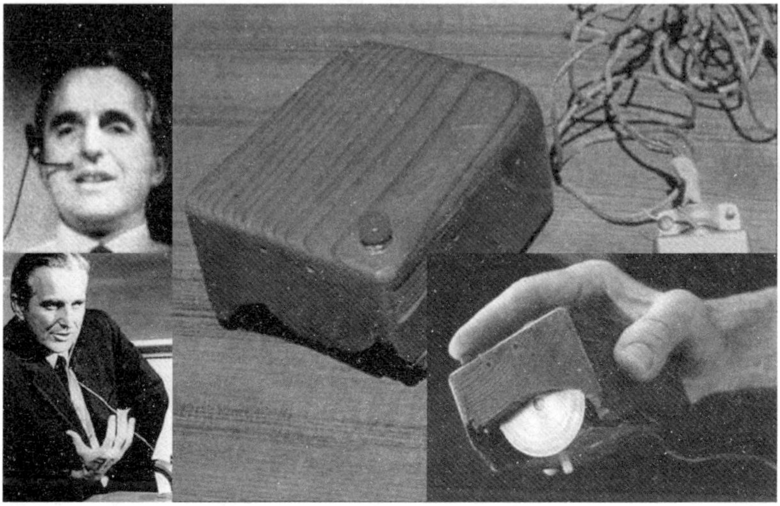

世界上最早的鼠标是一个小木头盒子

大历史意义在这一刻才真正得到显示。1983年，苹果公司也跟着把他们的第一个鼠标装备在“丽萨”微电脑上。从此鼠标逐渐成为个人电脑必备的输入设备。如今鼠标器经过不断地改进，成为影响当代计算机使用的最重要成果之一。

键盘的出现则要悠久得多。早在1714年，就已开始有英、美、法、意、瑞士等国家的人发明了各种形式的打字机，最早的键盘就是那个时候用在那些技术还不成熟的打字机上的。直到1868年，“打字机之父”——美国人克里斯托夫·拉森·肖尔斯获打字机模型专利并取得经营权经营，又于几年后设计出现代打字机的实用形式和首次规范了键盘，即现在的“QWERTY”键盘。有趣的是，“QWERTY”这种排列方式并不是合理的布局。

肖尔斯生活在19世纪美国南北战争时期，是《密尔沃基新闻》编辑。他曾在好友索尔协助下，研制出页码编号机，并获得发明专利。报社同事建议他在此基础上进一步研制打字机，并给他找来英国人的试验资料。

在倾注了肖尔斯与两位合伙人数年心血后，1860年，他们制成了打字机原型。按照常规，肖尔斯把26个英文字母按ABCDEF的顺序排列在键盘上，为了使打出的字迹一个挨一个，按键不能相距太远。然而，肖尔斯懊丧地发现，只要打字速度稍快，他的机器就不能正常工作——因为只要手指的动作稍快，连接按键的金属杆就会相互产生干涉。

为了克服干涉现象，肖尔斯重新安排了字母键的位置，把常用字母的间距尽可能排列远一些，延长手指移动的过程。

这种反常思维方法竟然取得了成功，“QWERTY”式组合的键盘诞生了。肖尔斯激动地打出了一行字母：“第一个祝福，献给所有的男士，特别地，献给所有的女士。”肖尔斯“特别地”把他的发明奉献给妇女，他想为她们开创一种亘古未有的新职业———“打字员”。1868年6月23日，美国专利局正式接受肖尔斯、格利登和索尔共同注册的打字机发明专利。

以现在的目光看，肖尔斯发明的键盘字母排列方式缺点太多。例如英文中10个最常用的字母就有8个离规定的手指位置太远，不利于提高打字速度；此外，键盘上需要用左手打入的字母排放过多，因一般人都是“右撇子”，所以用起来十分别扭。有人曾作过统计，使用QWERTY键盘，一个熟练的打字员8小时内手指移动的距离长达25.7公里。

然而尽管后来材料工艺已取得很大的发展，字键弹回速度远大于打字员击键速度，而且也出现了许多种更为合理的字母顺序设计方案，但键盘字母顺序却无法改动，QWERTY键盘今天仍是电脑键盘“事实上”的标准，可知社会的习惯势力是多么强大。比如1932年华盛顿大学教授奥古斯特·多芙拉克设计的

DVORAK键盘，键位排列更科学，可缩短训练周期一半的时间，平均速度提高35%，但始终成不了气候。又比如比DVORAK键盘更先进的MALT键盘，由理连·莫特发明，它改变了原本交错的字键行列，并使拇指得到更多使用、使“后退键”及其他原本远离键盘中心的键更容易触到，但MALT键盘需要特别的硬件才能安装到电脑上，所以也没有得到广泛应用。

不管怎么说，键盘和鼠标作为电脑的基本输入设备，大大地方便了人们对电脑的使用，也使电脑在“人机合一”的道路上迈进了重要的一步。

电脑拟人化：让机器也能“听说读写”

进入21世纪后，人机交互的特点是多通道、多媒体。以虚拟现实为代表的电脑系统的拟人化，以及以手持电脑、智能手机为代表的计算机的微型化、随身化、嵌入化，是当前计算机的两个重要发展趋势。通俗来讲就是，手机越来越大、电脑越来越小。鼠标和键盘为代表的图形用户界面技术不再是主导，而是利用人的多种感觉和动作通道，如语音、手写、姿势、视线、表情等输入，以并行、非精确的方式与可见或不可见的计算机环境进行交互，大大提高了人机交互的自然性和高效性。

让电脑能听、能看、能说、能感觉，是人机交互的发展方向，也是虚拟世界更让人产生“沉浸感”的几个基本条件。其中的语音识别，已成为最被看好的人机交互方式，因为语音识别比起其他的交互方式来说，具有更多的优势。

如今有的手机中已带有语音识别程序，可以进行人机对话

让电脑能听话、说话，需要用到语音合成技术，其核心是文语转换技术。最早的语音技术因“自动翻译电话”计划而起，包含了语音识别、自然语言理解和语音合成3项非常重要的技术。语音识别的研究工作可以追溯到20世纪50年代贝尔实验室的Audry系统，此后研究者们逐步突破了大词汇量、连续语音和非特定人这三大障碍。20世纪90年代前期，许多著名的大公司如IBM、苹果、NTT等都对语音识别系统的实用化研究投以巨资。如今，语音合成已经应用到电脑、人工智能机器人、汽车等很多领域。比如汽车的信息系统，车主可以将下载到系统电脑中的文本文件、电子邮件、网络新闻或小说转换成语音在车内收听，也可以通过特定的服务网站订阅新闻，享受个性化的网络信息服务。

让电脑能“看懂”人们手写的字、图，也已取得了很大的进展。其中的“数字墨水”，就是这样一种新的人机交互技术。有人认为，“数字墨水”将有可能会取代键盘和鼠标。

在“数字墨水”出现之前，我们知道已经存在多年的“手写识别”技术，可以把手写笔迹转换成电脑可以处理的文本。但是由于不能对手写墨水进行有效的分析和处理，“手写识别”的作用仅限于输入文本，是一种以机器为中心的技术。

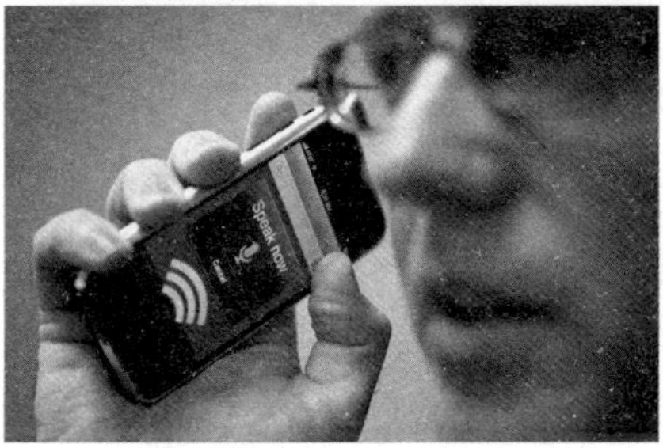

用户可直接对机器发问：最近的星巴克咖啡店在哪里？（必须是英语）

而“数字墨水”是一种以人为中心的技术，它很好的借鉴了“手写识别”技术所取得的研究成果，同时又超越了“手写识别”技术的许多局限。它可以对记录下来的文字或图形进行结构化和深度分析，其分析目的不是要去解决“写的是什么字”，而是要解决“用户到底在写什么”，以及“是如何写的”。

当我们用“数字墨水”在电脑上涂写时，就像用笔在纸上写字、画图一样简单方便，大大拓展了电脑为人们提供便利的空间。比如当你在厨房烹调时，想从电脑中查阅菜谱，手写的输入界面也比键盘更方便。

“数字墨水”可以将手写的笔迹以墨水的形式保存，而不会丢失任何信息。用户不再需要用其他的应用程序把手绘、手写的笔迹转换为别的格式来保存、发送和编辑，同时，数字墨水技术加强了手写识别功能的准确性，其识别器中已收集和存储了大量的手写样本，用户在使用数字墨水笔迹识别软件时并不需要额外训练。此外，数字墨水的识别器中还建立了多种语言的大量手写样本的识别引擎，实现对英文、德文、法文、韩文、日文、简繁体中文等语言的支持。

数字墨水可以说结合了个人电脑强大的计算及处理能力以及纸的易用性。更重要的是，它“还墨水以本色”，人类不再需要扭曲自己最自然的写作方式，在机器所设置的“行”或“框”中按机器所要求的书写，而是随心所欲、随意勾画，把人类传统的手写和手绘发挥得淋漓尽致。今天人们可以从微软公司所发布的平板电脑（Tablet PC）中，去体验这项创新技术成果所带来的惊人效果。

需要说明的是，数字墨水技术的应用并不仅限于平板电脑。在未来几年里，人们将会看到数字墨水技术应用到更多的机器设备中。人们所习惯的“笔和纸”，将在信息时代以新的方式得到延续，数字墨水以及与之相关的计算技术会与我们的工作与生活越来越近。

数字墨水技术的确是够神奇的，它或许可以把我们从键盘和鼠标中解脱出来，仅凭一只“电子笔”就能够完成对电脑的操控。但是科学家又在想了：数字墨水还得靠人的手去操控，如果我们能用眼睛来操控图形界面，那岂不是更方便？于是，“眼标”应运而生。

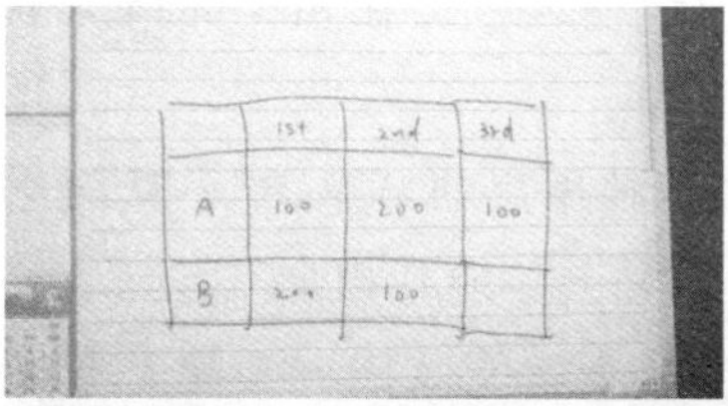

用“数字墨水”在平板电脑上随意画一个表格

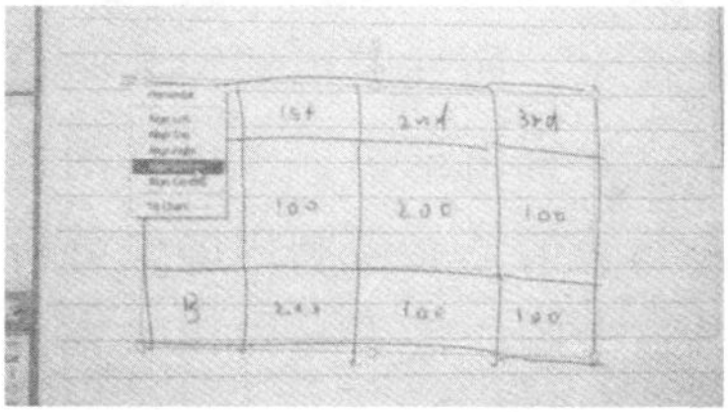

电脑可以识别这个表格，用户还可以进行调整

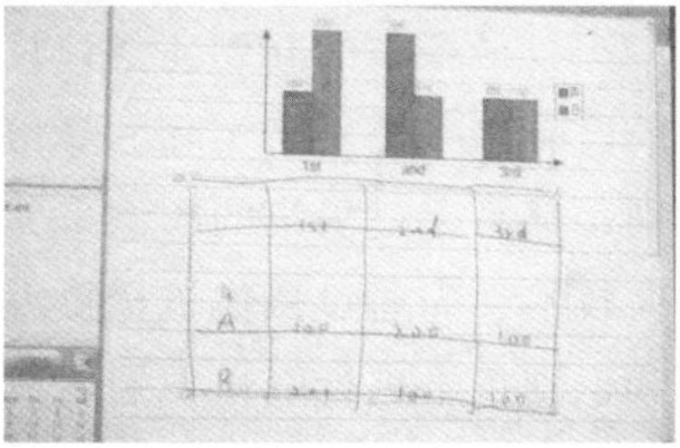

如果你需要，电脑还可以按照你的要求生成数据图表

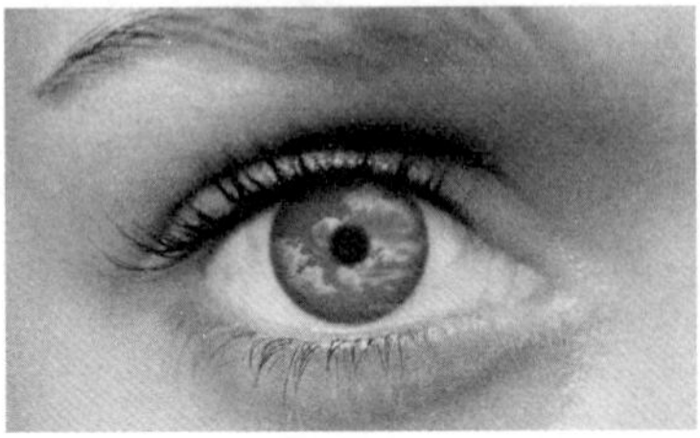
“眼标”可通过眼睛对电脑进行操作

2002年，英国科学家经过多年研究人类眼睛活动与大脑感知之间的关系后，终于发明出一种专门用来捕捉眼球细微动作的红外线感应装置，被他们称为“眼标”。它能鉴别眼睛在显示屏上的移动和注视，如果电脑使用者盯住屏幕上的某个链接图标1秒钟以上，电脑就自动打开该链接；如果使用者盯住打印或者存盘的图标，电脑就会自动进行相应的操作。

不过，人们眼球运动时存在的固有抖动以及眼睛眨动所造成的数据中断，显然会干扰信号。另外，如果鼠标器光标总是随着用户的视线移动，可能会引起反感，因为用户有时会“随便”看着什么而并非总是“意味着”什么。理想情况是用户希望发出控制时系统及时地处理其视线输入，而在相反的情况下则忽略其视线的移动。

当然，就目前来说，让电脑去理解用户的“意图”，从而达到理想的交流目的还不大可能。事实上，能让电脑学会“看”早已不是什么问题，一个小小的摄像头就能胜任，关键是要让电脑如何从图像中获取所需的信息。要让电脑像人一样地“看”，最根本的问题还是计算机对图像的最终分析和理解。目前已有许多应用于实际的身份认证技术，如虹膜识别、人脸识别，都是通过采集的图像来获得信息并得出结果，可以利用这些技术，先通过摄像机拍摄人的面部表情，然后利用图像分析和识别技术进行表情识别。只是要让电脑能像人一样用知识去思考、识别，还需要科学家们进一步的努力。

人的很多感觉中，除了视觉，触觉当然也很重要。既能“看得着”，又能“摸得到”，人们才会相信其存在。虚拟现实技术，正是在逐步满足人们的这种愿望。尤其是传感器的发展，成就了多种人机交互技术，比如用于识别手势的数据手套，它能对较为复杂的手的动作进行检测，包括手的位置和方向、手指弯曲度，并根据这些信息对手势做出相应的反应，从而实现操控电脑的目的。类似的，科学家开发的虚拟演员系统（VActor）通过用户戴上安装有触及脸不同部位的传感器的头盔，以控制计算机生成表情的图像。

对于那些更为神奇的虚拟现实技术，我们下面将会着重说到。

多重触摸技术：让触控成为可能

现在，人机交互技术迎来了一个辉煌的时代：屏幕可以成为人和机器双向交流的工具。不但我们的眼睛能看到屏幕的像素，屏幕也能“看”到我们的手指。我们只需用手指触摸或点击屏幕上的画面，就能对手机、电脑、银行取款机等进行各种各样的操作。

这样的技术早已进入了我们的生活中。比如在城市街道的旅游信息电子亭上，或是在银行的ATM机上，你都能接触到触摸屏技术，用手指直接对机器进行操作，但这些仅仅是触摸屏技术的初级应用，只能算是触控技术的冰山一角，因为这些触摸设备都只能允许单指操作，就如同鼠标一样点击。接下来的技术会让你叹为观止，让你充分领略触摸屏的独特魅力——多

多重触控技术的独特魅力

重触控技术。

所谓的多重触控技术，顾名思义，就是可以允许用户在屏幕的多个位置同时输入控制命令的人机交互方式。与传统的触摸屏只能单个指头操作不同，多重触控技术允许多个手指同时操作，甚至可以让多个用户同时操作。比如你可以用左手两指拉大某张照片，右手又同时把另一张照片拨开；你还可以用手指任意旋转图片，或移动物体，并能产生捏的效果。总之，屏幕任由你掌握，你双手每个指头都可以任意驰骋在屏幕上，同时操控屏幕上的每个任务。

触摸屏起源于20世纪70年代，早期多被装于工控计算机、POS机终端等工业或商用设备之中。而多重触控技术的研究，最早可以追溯到1984年加拿大多伦多大学的研究人员对于计算机领域多重触控技术的试验。然而，尽管这项技术潜力无限，但直到近期才被人们关注。2006年，纽约大学的科学家在一次大会上向人们演示了多重触控技术，让观众目瞪口呆，拍案叫绝。而美国一家专门销售多重触控技术的公司生产的两种类型多重触控屏，一种是“神奇的桌子”显示器，另一种是巨大的嵌入墙里的交互式屏幕，也让人叹为观止。这两种大屏幕显示器的确很能让人兴奋，因为到目前为止，玩电脑只是意味着你一个人操控一台机器，而多重触控技术可以让很多人通力合作，大家可以同时在一起玩，是不是很刺激?

2007年，苹果公司iPhone手机的推出，成为触控行业发展的一个里程碑。这是一款面向用户的多重触控屏，苹果公司把一部至少需要20个按键的移动电话，设计得仅需三四个键就能搞定，剩余操作则全部交由触控屏幕完成。这种多重触摸屏技术有天然的优势，其非常直观的操作方式，想调什么直接点击就可以了，同时也可以有效减小产品体积，节省空间。

从人机界面的角度来看，iPhone的多重触摸屏技术简直就是革命性的创新，它将彻底颠覆传统交互设备的输入输出界限，一个更加自由的交互世界正快速向我们走来。也许过不了多久，按钮式的手机就会落伍。

当然，苹果公司的这种手机并不是唯一把人机界面带到新水平的商用设备。微软公司的Surface计算机把输入和输出装置集成到了庞大的桌面设备上，它能识别触摸和姿势，甚至还能

手机多重触摸屏技术的应用，可以说是革命性的创新

识别放在上面的物理实体。手指触控电脑，也将成为可能。但现在Windows系统尚不支持多点触控功能，微软公司已计划在2010年推出支持多点触控的新操作系统Windows 7，到时候，只要用手指轻轻地触碰电脑显示屏上的图符或文字，就能实现对主机的操作，从而使人机交互更为直截了当。这种技术，真可谓大大方便了那些不懂电脑操作的用户。

多重触摸屏的出现，大大方便了那些不懂电脑操作的用户

更神奇的是，三菱电子研究实验室研发的一种由触摸和姿势激活的显示屏，不但支持小范围群体协作，甚至还能识别谁在触摸。

触摸屏作为一种简单、方便、自然的人机交互方式，目前其应用范围已变得越来越广泛，从工业用途的工厂设备的控制/操作系统、公共信息查询的电子查询设施、商业用途的提款机，到消费性电子的移动电话、PDA、数码相机等都可看到触控屏幕的身影。如电信局、税务局、银行、电力等部门的业务查询；城市街头的信息查询；此外还广泛应用于领导办公、工业控制、军事指挥、电子游戏、点歌点菜、多媒体教学、房地产预售等。当然，这其中应用最为广泛的仍是手机。报告指出，2008年采用触控式屏幕的手机出货量将超过1亿部，预计2012年安装触控界面的手机出货量将超过5亿部。

触控技术，仅仅是“后WIMP界面”研究这个新兴领域的一个组成部分。有人把这些广泛结合的技术，称为“基于现实的交互”。这些技术包括：虚拟现实、上下文感知计算、知觉与情感计算以及实体交互（计算机能够直接识别物理实体）。而所有这些界面的相似之处在于，它们更像是实际环境。用户用不着致力于记住用户界面的布局，而是只要致力于所要完成的任务。这种“基于现实的交互”，基于以下四个概念：

●朴素物理学。人们都知道苹果从树上掉下来后总会落向地面，就算忘记了牛顿定律，也知道这点，这是一种常识。苹果公司的i-Phone也顺应了用户的直觉：它能够模拟重力（用户转动设备时，屏幕会从肖像模式变成风景模式）和惯性（如用户飞快翻阅联系表时，手指移开后，联系表仍会继续滚动，好像联系表有质量似的）。

可以用多重触摸技术在屏幕上画画

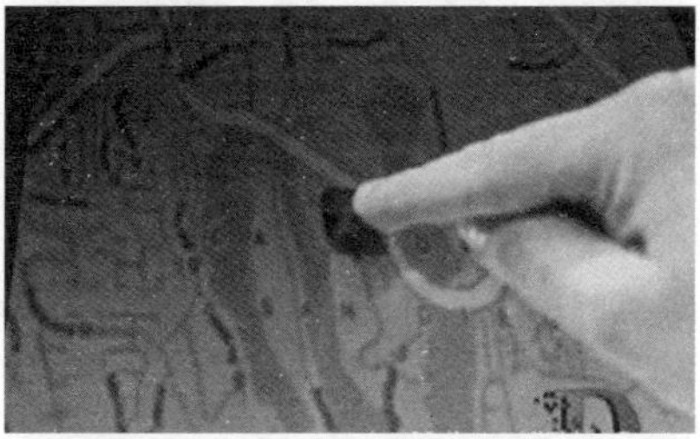

在电子地图上寻找附近的咖啡馆

●人体感知与技能。这是指独立于环境来协调人的双手、双脚和感官的功能。新兴界面支持日益丰富的基于这种技能的输入技术，包括双手交互和人体全身交互。

●环境感知与技能。人自然会根据周围环境的物体采取行动。新兴的人机交互方式如虚拟现实也是如此。比方说“上下文感知”或者传感系统能够计算出用户的位置，并由此采取相应行动。

●社会感知与技能。人们认识到有别人在场之后，会用各种方式与对方进行互动。同样，像三菱的触摸屏，在让用户与别人保持目光接触的同时，还可以通过触摸屏进行交互。

在将来的办公室，桌面计算机可能会与现在的几乎一样。但你完全可以用鼠标或者姿势，把计算机上的内容投射到墙壁或者白板上，然后站着通过触摸和姿势来操作。你还可以把内容拖到手机上，这样手里就有了这个内容。手机、墙壁和桌面，它们适合处理不同的任务。

那么，多重触控技术的应用会终结键盘和鼠标吗？一些科学家认为不会。因为传统的标准界面也有着它的独特之处，所有应用都是围绕它来开发的。就像是不能把孩子连同洗澡水一起倒掉一样，你有了先进的电动工具时，仍然保留着铁锤和螺丝起子，它们的作用不同。多重触控技术和鼠标键盘的关系也是这样，两者各自应用在适合的地方。

多重触控技术允许多个手指同时操作，甚至可以让多个用户同时操作

在虚拟现实方面，多重触控技术的出现，可以说创造了一个全新的世界。

美国弗吉尼亚理工大学的音乐技术教授布克维克，把触摸技术带入了一个无与伦比的奇妙境界。他采用法国公司的多点触控“操纵面”，结合动画、视频、录制、实时电子音乐及其他内容，能够快速地创作和演奏音乐作品，创作与表演合为一体。用户只要用10个手指，就能够进行“虚拟表演”，一边控制视频亮度、虚拟摄像机位置、声音高低和幅度以及乐器组合等，一边进行艺术表演，这就好比钢琴演奏家在弹奏即兴创作的复杂乐曲。这种“交互式多媒体艺术”，每个手指的弯曲影响到实际输出——音频和视频等。

而微软公司正与一些度假酒店合作，共同推行Surface计算机。这种计算机的双向触摸屏大约30英寸，大到足以几个人围在一起同时使用。这种计算机平放后，可显示360度的用户界面。它有4个关键特点，这些特点可能会出现在将来许多基于触摸技术的设备：直接交互（不用键盘或者鼠标）、多点触控界面、多用户输入和对象识别器——其内置的摄像头可以感知触摸和姿势等用户输入（手指在屏幕上移动），还能够捕捉识别放在上面的物体所需信息。

这种触控式计算机最初会针对休闲、娱乐和零售等行业。不妨设想这样的场景：当你进入酒店后，你可以借助Surface计算机中大堂里面的“虚拟接待员”，操纵地图、相片、餐厅菜单及剧院信息。或者你把一瓶酒放到Surface上，它就会调出葡萄酒厂的图片。

哇，真的好神奇！而好戏，也许才刚刚上演。

数据手套：触摸真实的虚拟世界

我们先来设想这样一个场景：你坐在电脑前，只需借助一些设备，你就能进入到一个恍若真实的虚拟世界中。你想学开车，你就能像真正开车的人那样穿行在熟悉的城市街道里，各种交通牌、行人车马在你身边川流不息，即使遇到危险情况你也不必太紧张，因为你并不会真正撞伤行人或车辆，但是你的驾驶技术会慢慢提高；想逛商场，你可以进入网上的虚拟商场随便逛，若看中一款吹风机，你可以感觉到插上电源后的风速、风力的大小，冷热风有什么不同；你想打篮球，你可以到虚拟球场上跟其他人一起玩，当你抓起篮球时，你可以感觉到轻拍、重拍它时所带来的不同感受。

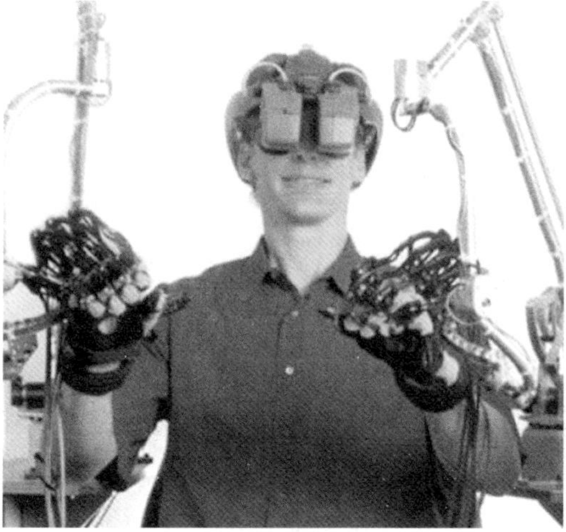

数据手套

数据手套是虚拟现实系统的重要组成部分

这有点像科幻电影《少数派报告》中的情景：汤姆·克鲁斯在影片中用数据手套操控电脑信息，很神奇。其实这样的情景，已成为现实，因为类似的数据手套，科学家已经研制成功。

没错，给我们带来虚拟真实体验的，正是一双非常神奇的手套——数据手套。数据手套是虚拟现实系统的重要组成部分，是一种通用的人机接口，其目的在于实时获取人手的动作姿态，以便在虚拟环境中再现人手动作，达到理想的人机交互目的。该手套中安装有多个柔性角度传感器，这些传感器可分别完成手指关节弯曲角度、手指开合程度及手腕动作的测量，将用户手的姿态和动作信息传递给计算机，从而达到人机交互的目的。

数据手套实现的关键，在于手掌、手指及手腕的各个有效部位的弯曲、外展等测量以及在此基础上的姿态的反演。完成反演主要取决于人体手部姿态的建模，最根本的就是，确定传感器测量数据和手部各关节运动姿态的对应关系。

数据手套的用途很大。比如在非聋哑人和聋哑人交流时，聋哑人只要戴上这么一双手套，他们的一切手势活动会全被记录下来，由传感器传递给计算机，计算机上的手语识别系统将聋哑人要表白的意思用语音表达出来，从而达到交流的目的。反过来，非聋哑人用语言表达的意思，经过计算机识别系统，电脑上的虚拟人会用手势把意思表达给聋哑人。

数据手套是一种通用的人机接口

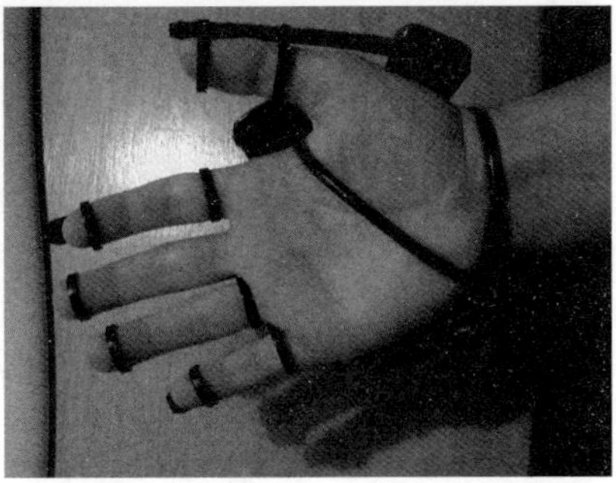

数据手套中安装有多个柔性角度传感器

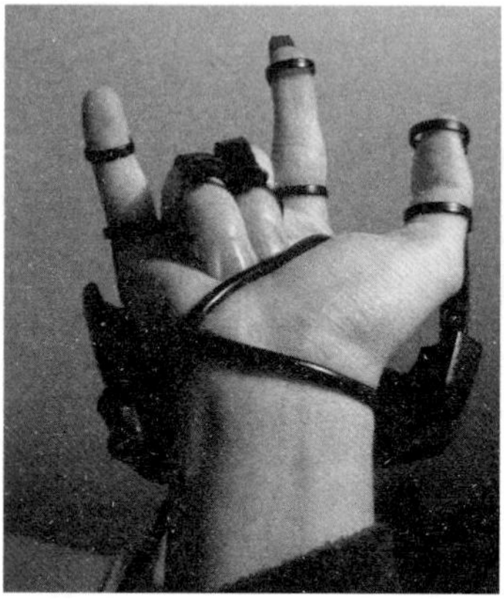

数据手套传感器可分别完成手指关节弯曲角度、手指开合程度及手腕动作的测量

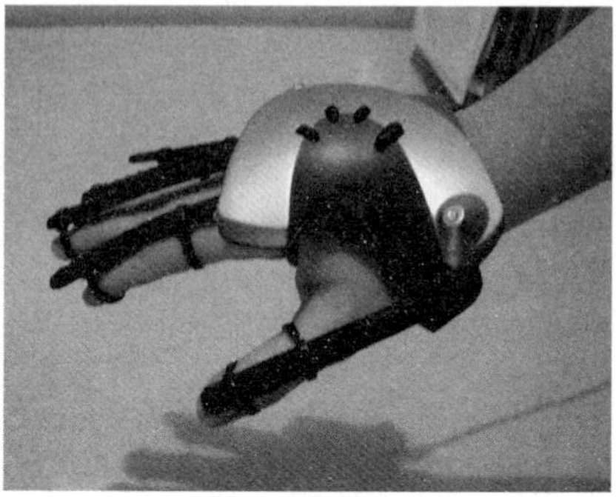

数据手套可将用户手的姿态和动作信息传递给计算机从而达到人机交互的目的

又比如在医院里，医生在做手术前，可以用数据手套先进行一番模拟操作，这样即使手术出现致命问题，也不必惊慌，电脑会提醒他在手术过程中出现了哪些错误，这样当他为病人施行手术的时候，就会胸有成竹，避免错误的发生。

数据手套不仅在虚拟手术方面具有神奇功能，在训练飞行员上，它也可以让没有真正上过天的飞机驾驶员模拟高空驾驶，比如驾驶力量稍不均匀，飞机就会出现倾斜，这些立刻就会显示在电脑屏幕上。经过这样反复的训练，发生在新人身上的医疗事故、飞行事故就会尽可能小地出现。

戴着数据手套在虚拟世界中旅行，那才叫惬意。比如到虚拟博物馆中去参观，你不但可以欣赏到馆藏的各种珍贵文物，而且还能用手去触摸这些文物，感受这些珍奇文物的真实质感。而在真实的参观中，你是不可能去触摸到它们的。

目前，数据手套主要应用在虚拟现实系统、虚拟外科手术、虚拟设计、仿真训练、虚拟装配、计算机手语识别系统等方面。

今后，数据手套一定会更加市场化，应用于我们的日常生活中，比如三维游戏娱乐系统和虚拟购物系统等。

智能头盔“虚拟茧”：穿梭于虚拟与现实之间

现在，我们准备要向虚拟世界出发了。我们需要的设备，除了前面提到的数据手套，还有一个神奇的头盔——“虚拟茧”。它采用虚拟现实技术，让佩戴者对万里之外的地方产生身临其境的感受。

可别小看这种头盔，戴上它之后，不但能带给你逼真的视听效果，就连味道、气味等它都能模仿，其所创造出的神奇虚拟效果，跟你亲临该环境没有什么区别。

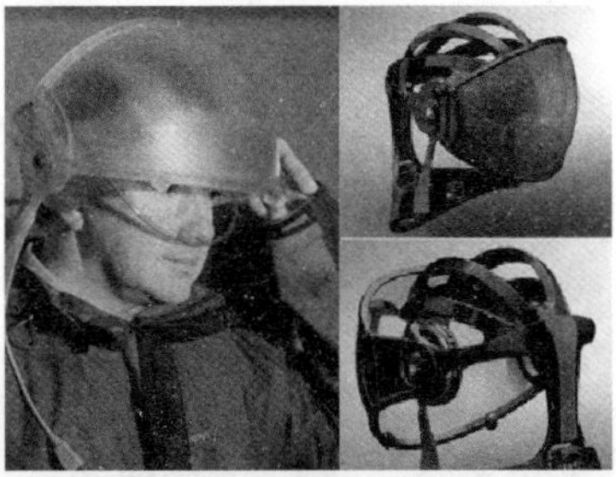

虚拟现实头盔显示器——“虚拟茧”

有了“虚拟茧”和数据手套，你坐在家里的沙发上就可以环游世界了。你可以来到尼亚加拉大瀑布前，听着瀑布的声音，欣赏飞流直下三千尺的壮观，甚至还能感受到湿润冰凉的水汽扑面而来；你也可以来到阿尔卑斯山脉，嗅着野地小花的芬芳；或者来到加勒比海岸，感受阳光亲炙脸庞的温暖。此外，你还可以跟大洋彼岸的亲友亲切会面，握手拥抱，感觉就像面对面一样。

事实上，科学家研制这类虚拟现实装置已经有近30多年历史了。自1968年哈佛大学的科学家研制出“头盔显示器”以来，经过30年的发展，“头盔显示器”已经取得了巨大的进步和广泛的应用。特别是在微型液晶显示器、虚拟现实、袖珍计算机、可视移动电话以及现代数字化部队的装备中的逐渐普及，使得头盔显示器在这些领域中占据了重要的地位。

但是，绝大多数的“头盔显示器”装置仍只能够模仿声音和图像，还不能提供嗅觉、味觉等功能。直到英国科学家设计的世界上第一款真正意义上的虚拟现实头盔——“虚拟茧”浮出水面，“真实虚拟”才变得更加可信。

“虚拟茧”由来自约克和华威大学的一队英国科学家小组设计研制，这种头盔能够模拟视觉、嗅觉、听觉、触觉甚至味觉功能。其内装有专门研发的电子设备，包括一个高清晰、高动态电脑显示屏、高技术含量的扬声器、用来向佩戴者面部吹热/冷风的风扇，以及一个可以在鼻子下方释放化学物质的“嗅觉管”以模拟真实世界中的气味。

“头盔显示器”可以生成一个逼真的三维虚拟环境

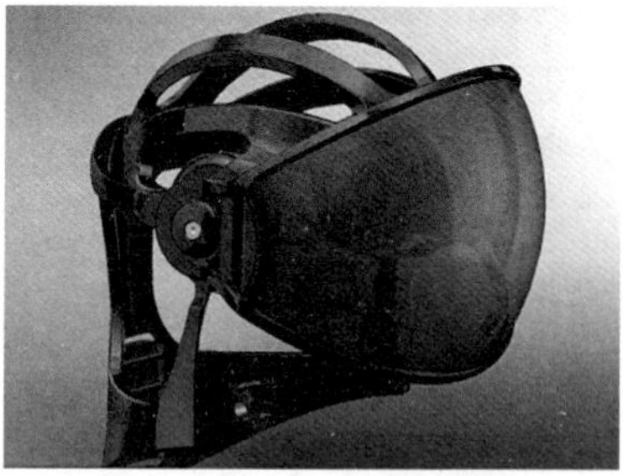

“虚拟茧”不但能带来逼真的视听效果，就连味道、气味等都能模仿

研制“虚拟茧”的科学家表示，这种神奇头盔可以用于远距离商业会议，重游历史或者让家庭用户不必出门就可与遥远

的度假目的地亲密接触。对于电脑游戏爱好者，尤其是那些喜欢扮演虚拟角色的游戏玩家，“虚拟茧”也一定会受到他们的热烈追捧。此外，虚拟茧也可用于士兵、警察、医生或者消防员的训练。但是科学家认为，“虚拟茧”并不是为了取代真实，而是对真实世界的一种补充——你可以很安全并且以一种可控的方式感受真实。

“虚拟茧”在使用时，与电脑实现无线连接，电脑负责提供虚拟世界或真实世界特定区域的信息，生成一个逼真的三维虚拟环境。视觉上的效果则是通过高清晰屏幕营造，屏幕使用的是电子液晶显示器，所产生的图像暗度是传统电视的10倍，亮度则更是高达30倍。其显示器的影像通过光学系统放大后，可产生类似远方的效果，达到所谓的全像视觉，变成类似大银幕画面的影像效果。

头盔有4个环绕声扬声器用来传播声音。位于鼻下的气味输送管与一个装有化学物质的盒子相连，能够在佩戴者鼻子下方释放化学成分产生气味，气味输送管还能向嘴部喷射出带有甜、酸、苦、咸和肉味5种不同味道的物质。温度和湿度通过微型风扇和加热器加以调节，数据手套等触觉装置则负责模拟触感。

用户可购买相关电脑软件，以便探索自己感兴趣的虚拟世界。除了探索虚拟世界外，“虚拟茧”也可让佩戴者对真实世界的特定地区进行实时探索。例如将记录装置安装在汽车上，记录与游猎有关的图像、味道和声音并通过网络传给位于世界另一端的“虚拟茧”。

毫无疑问，“虚拟茧”将成为人们穿梭于虚拟与现实世界之间的重要工具。当然，“虚拟茧”要走进我们的生活中，还得再等几年时间，让我们一起期待这一天的早日到来吧。

虚拟社区：打破虚实世界之间的界限

1963年，当拉里·罗伯茨设计互联网时，他最初的宗旨只是为了信息的传播、资源的共享提供某种载体或技术手段与平台。他没能预料网络的发展会如此根本地、迅速地改变世界，更无法预料网络将会为人们提供一种与现实的群体和社区生活相类似的网上生活场所。

虚拟社区正走向虚拟和现实的融合，成为人们社交的场所

到了20世纪90年代之后，人机交互技术发展迅猛，随着网络用户界面的出现，以超文本标记语言（HTML）及超文本传输协议（HTTP）为基础的网络浏览器成了网络用户界面的代表。一些新的网络技术不断涌现，如搜索引擎、多媒体动画、聊天

工具等，使得世界各地的人们借助网络进行交流的行为越来越频繁，网络虚拟世界也因此变得越来越丰富多彩，越来越热闹。一个可以媲美现实世界的网络生活场所出现了——“虚拟社区”。

“虚拟社区”是随着网络以及人们网络社会行动的扩展而出现的人类社会活动的新型空间，它以电子技术、通信技术、网络技术的联结为物质基础，也有人把它称之为“电子社区”。如今，虚拟社区类网站已成为众多国家最具人气的网络空间。在这样一种类似于现实的村庄、城镇或城市的人与人实现互动的虚拟环境中，人们在就共同感兴趣和关心的话题与目标展开相互交流、讨论与协商的同时，也进一步体验到了一种在情感、规范和价值取向上相互顺应、接近、过渡和融合的感受。它漠视现实社会政治、历史的分界，容纳各种社会组织、团体和个人；同时也不分民族、种族、性别和肤色，赋予社区公民以平等的权利。

在中国，虚拟社区最早都是由BBS（论坛）和新闻组起步的，网民以此来实现一对多或多对多的交流。1997年，网易第一个在国内创建虚拟社区服务，但应用意义上成规模的虚拟社区则是校友录（ChinaRen)。校友录第一次以聊天室为核心，开发了游戏、邮件、主页、日志等一系列以用户为中心的服务内容。当时上网的人第一次了解到社区居民可以使用信箱收发邮件。发展到后来，有些大型论坛提供手机短信发送功能，当然不是免费的。

现在再提到“第九城市”，可能很多人都会马上联想到网络游戏“魔兽世界”，但事实上，这家游戏运营商最早推出的产品恰恰就是虚拟社区，而且还是国内第一个正式提出虚拟社区的概念的公司。1999年，很多人刚刚拥有自己的第一台电脑，宽带还没有普及，但人们已经能够在“第九城市”里玩钓鱼、烹饪，还能给自己的社区邻居送礼物了。而在这一年成立的天涯虚拟社区，由于其开放、自由、宽松、丰富的特性，渐渐发展成为全球华人的网上家园，如今已是拥有300多个公共版块、150万个博客的著名的大型人文社区，并多次在国内论坛社区综合排名评比中名列前茅。在很多“老天涯”眼中，天涯意味着网络中的一片净土，一个人文精神的家园，在互联网愈发“唯利是图”的滚滚红尘中，她一直是以近乎“固执”的姿态，守卫着自己的独特气质。

接着QQ、MSN等网络即时聊天工具出现，风靡一时。当时颇为流行的一个笑话是：“在网络上，没有人知道你是一条狗。”

进入21世纪，博客作为一种网上社区的新表现手段，突然火爆起来。写博和点评，很快成为大家网上交流感情的一个很好渠道。

到了2005年，由于国外各类SNS（社区网络服务）网站的风生水起，真实身份可能让人们获得更多的朋友和机会，中国的交友社区也摇身一变开始注重互动性，比如当时腾讯推出的QQ虚拟空间，网民可以花Q币来个性化装扮自己的空间，给自己的虚拟形象买各种好看的衣服，还可以设置个性化的背景音乐，让空间有声有色，营造出一种完美的意境。而后到了2008年，开心网的虚拟生活让中国的城市白领集体走火入魔，沉浸在“朋友买卖”、“争车位”、“偷菜”等游戏中无法自拔……

作为日益增长的社会的组成部分，虚拟世界呈现的虚拟生活给人以无限的想象。虚拟社区可以实现现实生活中社区的大部分功能，比如在线购物、发布信息、求职、聊天、交友、读书、学习、看电影、玩游戏、讨论时事、交流知识、举办拍卖、公众选美等，当然也可以谈婚论嫁甚至调解纠纷。在某些虚拟社区里，网友们还可以在网上植树、领养宠物、尝试角色扮演等游戏，就如同生活在现实世界中的人物一样，你甚至还可以管理一座城市。“物以类聚，人以群分”，虚拟社区也被划分成若干“小区”，以便性格相近、志趣相投的人聚在一起。有的网站为吸引某一类网友光顾，而设计了专门化的社区。

但是网络虚拟社区并非简单模仿现实社区的各类功能。由于网络里的虚拟世界没有空间和地域的限制，里面的成员可能是对门而居的朋友，也可能来自天南海北，甚至是不同国籍、不同肤色的人群，交流的范围骤然扩大，这也是互联网的基本特性所在。其次，大多数用户是匿名登录，因此网友们可以随心所欲，任性而为，尽情地包装和展示自己，宣泄自己的情感，使现实生活中所受到的压力得以舒缓。再次，由于这种匿名登录的特点，虚拟社区中网友的交流不带任何偏见和功利性，网友之间纯粹是心灵的交流，现实生活中察言观色的先入为主之见在这里根本不存在。这也许正是虚拟现实中最吸引人的地方。

对于那些希望通过网络结识异性朋友的年轻人来说，虚拟社区真可谓让他们如鱼得水，不但可选择的范围空前扩大，而且再也不会为约会的地点发愁了：如果你嫌公共聊天室不方便的话，随时可以开辟一个只有两个人能够进入的私人聊天室。直接的心灵交流，可以迅速拉近了人与人之间的距离。

虚拟社区出现，打破了虚拟世界与现实世界之间的界限，走向虚拟和现实的融合，成为人们社交的场所。人们可以在虚拟社区中做许多现实生活中的事情，比如购物、卡拉OK、跳舞、开车、旅游等。虚拟社区，为人类提供了一个和现实世界并存而又融合的虚拟世界。你已经不能将虚拟社区里的一切都视为虚拟的，因为社区虽然是虚拟的，但在社区里的人的行为、言语却是现实里人的缩影，他们表露出来的喜怒哀乐是真情的流露，是有血有肉的，这并不是虚拟。

虚拟社区的出现，可以说极大地改变了人类的生活方式，尤其是人际交往方式，让人与人之间的关系变得远近自如、随心所欲，看似虚无缥缈而又真实可感，难以触摸却美丽可人。这样一种魅力十足的世界谁不心向往之呢？

如今，很多人已不适应没有网络的生活，因为网络世界与我们的生活已经密不可分了。

大脑思维直接操控机器还有多远？

比尔·盖茨曾预言，电脑毫无表情的时代即将结束，21世纪将是情感电脑大行其道的时代。虽然今天的电脑还没有喜怒哀

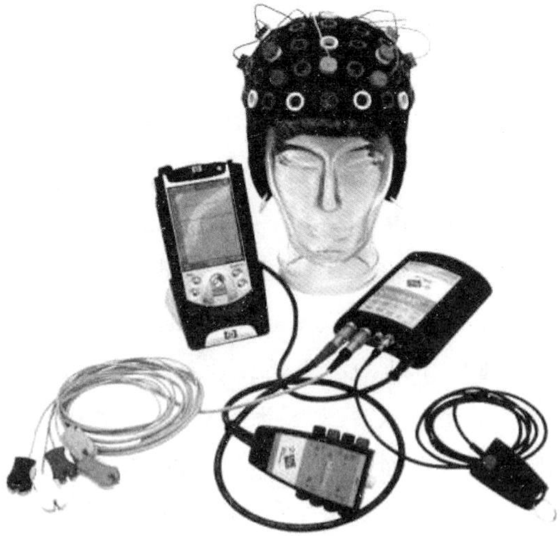

“脑-机接口”

乐，但是让电脑也有喜怒哀乐必将是人机交互的发展趋势。

情感电脑，就是要让电脑具有感知、理解、模仿人类情感特征的能力，以提高人机交互的效率和质量，从而建立一种更为和谐的人机环境。最让人期待的是，人们可以直接用大脑思维与电脑进行沟通，用大脑思维直接操控电脑！

的确，人机界面操作系统在发展的进程中，好像一直都和键盘、鼠标纠缠不清。语音识别、手写识别与手势识别的出现，虽说已经为我们展现了一个截然不同的人机交互方式，但在虚拟世界里，人脑可与电脑直接沟通——“脑-机接口”，却一直是电脑科技界所孜孜求索的目标。

如果“脑-机接口”这种人机交互技术研究成功，那么虚拟世界与现实世界的最后一道屏障将被打破！届时，人类将会像科幻电影《黑客帝国》里的人一样，自由来往穿梭在虚拟世界与现实世界之中！

这样的研究，科学家已在进行中了。2006年6月，在清华大学医学院生物工程系的一间实验室中，一场特殊的足球赛即将进行。只见场地上有两只智能机器狗，分别扮演“前锋”和“守门员”的角色，将要进行一场进攻与防守的世纪大战。

和常规的机器狗足球比赛不同，这场足球赛的命令控制方并不是电脑程序，而是一男一女两名清华大学研究人员头戴电极帽在指挥。研究人员将用自己的思维活动，来对机器狗直接进行操控！

比赛开始了，场地上的“前锋”首先发起进攻，只见它带着球成功越过“障碍物”（茶杯）向前挺进。看到“前锋”来势汹汹，“守门员”急忙移动进行拦截。

眼看“守门员”的拦截就要成功了，这时几乎要和“守门员”撞个满怀的“前锋”突然转变战术，向侧边快速移动。反应不及的“守门员”顿时乱了阵脚，露出了空当，“前锋”毫不客气地将球“踢”进门框内。整个比赛只用了5分钟，现场观看的人爆发出赞叹声和热烈的掌声。

清华大学研究人员所展示的，是他们已研制成功的领先国际水平的“脑-机接口”系统。其原理其实很简单，“脑-机接口”系统可将人们的脑电波信号提取出来，直接变成智能机器狗的控制命令。

“脑-机接口”系统由电极帽、脑电波放大器和一台计算机信息处理器3部分组成。人在思维时，大脑皮层会出现特定的电活动，被头皮记录到的这种电活动通常叫做脑电波。这些电波可以借助高性能的生物电信号采集系统，以及专门设计的计算机算法（比如电极帽），把这些特征实时地提取出来，并进行自动分类，从而实时判断出当事人所处的思维状态。然后再通过计算机将判断出来的思维状态翻译成预先设定的控制命令，通过无线网络发送出去，从而实现人脑对计算机等外部设备的直

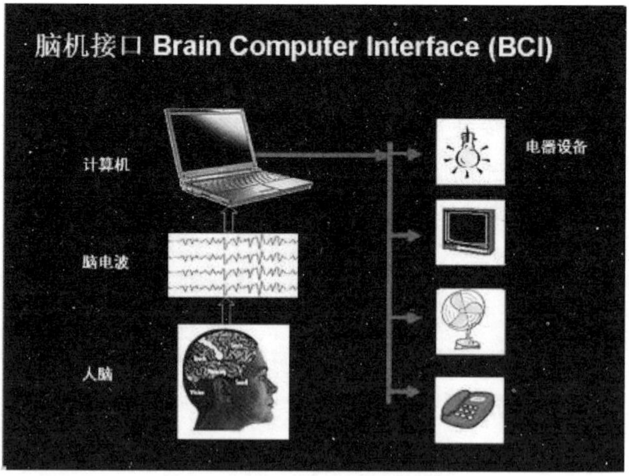

“脑-机接口”系统的构成

接控制。

也就是说，你只要戴上特殊的电极帽，经过较短时间的训练，就可以通过大脑想象自己的肢体活动来直接控制机器狗的运动。

事实上，对于科研人员来说，解读脑电波信号的最大挑战在于脑电波十分微弱，通常在头皮检测到的电压大约只相当于普通干电池的十万分之一，而且其中有用的信号常常淹没在杂乱的背景噪声中。最近几年来，清华大学的这个研究小组发展了一套国际领先的信号处理和模式分类方法，他们采用这套方法成功实现了实时解读大脑运动皮层信号的“脑–机接口”。这个新系统不再需要任何外界的视觉刺激，只需想象自己的肢体运动，计算机就可以通过脑电波判断出你在想的是什么运动，并翻译成相应的控制命令，来控制家电的开关或者机器人的运动。

清华大学研制的“脑–机接口”系统，还能够脑控“拨”电话。戴上电极帽后，使用者只需盯着特殊的电话键盘面板上的每个数字3~5秒时间，电话就能拨通。整个过程，完全不需要跟机器进行接触，仅靠大脑的思维就可以完成。

目前，美国、日本的科学家已开发出类似的用人脑电波直接遥控的机器人，使机器人可以做出各种各样的动作。随着这项技术的不断发展与完善，最终具备人工智能的机器人也将在不远的将来实现。

2007年3月，经过多年的研究，德国科学家成功研制出了大脑思维阅读技术。科学家们利用核磁共振仪对测试者进行扫描后，就能够通过脑波来阅读其想法。虽然这种大脑阅读技术还处于起步阶段，却很有潜力，最终可能被广泛用于航空安检等用途。

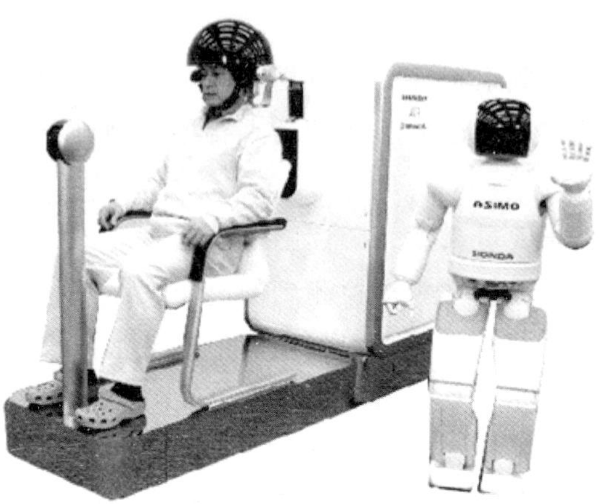

日本科学家研制出可用脑电波控制的机器人“阿西莫”

当然，有不少人对这种思维阅读技术表示担心，因为它意味着将来也许根本就不存在“思维保密”这一概念了，这就会给别人窥探自己的内心想法与感觉的可能。想想看，别人一眼就能看出你脑子里在想些什么，你还有什么内心隐私可言？更让人担心的是，一旦大脑阅读术被权威部门、市场商人或者公司老板们滥用，而自己却没有任何阻止这一“侵权行为”的能力，那可就惨了……

不过，也有人为此大声叫好，因为人人都看得到别人在想些什么，大家清清楚楚明明白白的相处，没有人敢动什么坏心眼，也不必再钩心斗角，岂不更好？

思维阅读技术，应用范围很广。比如电脑读懂人的思维之后，就可以按照人们的意图进行相应的操作了。事实上，德国科学家正在研制的一种“脑-机接口”装置，可将人脑跟袖珍电脑相连，随时分析记录人体脑电图，再进行相应的数据处理，然后将分析结果与模式识别在袖珍电脑里，甚至在使用者家里的个人电脑上都能显示出来。这项前沿科技，通过实时记

录脑电波，在一定程度上解读人的简单思维，并将其翻译成控制命令，来实现人的“思维”对计算机、家用电器、机器人等

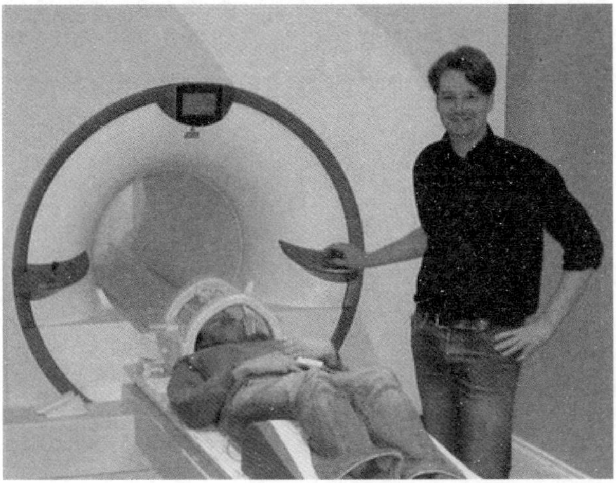

德国科学家实现了阅读人脑思维

科学家正在研究“脑-机接口”技术，以期实现大脑思维直接操控机器

设备的控制。

对于那些丧失了运动能力但大脑功能正常的残疾人，尤其是那些瘫痪病人来说，用大脑思维直接控制电脑、家电等，可以说让他们仿佛获得了新生：他们只需动动脑子，就能够直接操控轮椅、假肢等许多小型的机器设备，或切换电视频道，甚至使用电脑上网，陶醉在虚拟世界的美好意境之中，而不再为枯燥的日子整日唉声叹气了。

一旦将“脑-机接口”装置应用到网络虚拟人生上面，一个跟真实世界紧密相连的“虚拟世界”，就会呈现在我们的生活里。到时候，什么是真实的，什么是虚拟的，你还能找到它们的界限吗？

第三章

虚拟，进入现实

我国首位采用真人动作捕捉技术打造的“虚拟主持人”亮相央视电影频道

安娜诺娃：世界上首位“虚拟主持人”

2000年4月18日，伴随着略带大西洋中部口音的甜美女性嗓音，世界上第一位“虚拟主持人”安娜诺娃出现在网络观众面前。这位绿发大眼、年轻貌美的新闻播音员，其主要使命是全天24小时在网络上为全球网民播报新闻。

世界上第一位“虚拟主持人”安娜诺娃

安娜诺娃有着迷人的性格：可爱、恬静、聪明、敬业。她依托成熟的三维动画技术和即时同步语音处理技术，一亮相就在全球网民中引起了轰动，其所在网站竟然为之拥堵。其冷艳而又不失随和的作风，给人们留下了极其深刻的印象。更有痴迷者，竟执著地给她写了一封又一封情深意长的情书。

作为一名新闻导播，安娜诺娃尽职尽责。无论何时，只要你登上她的网站，就能享受她给你提供的“私人播报”。

可别小看这位芭比娃娃一样的“网络虚拟人”，当初英国报业联合会将其归属权进行拍卖时，据说其身价是4.4亿英镑（7亿美元），这大概相当于一家报纸一年收入的20至100倍！

为什么安娜诺娃会值这么多钱？因为这位全世界瞩目的“大腕儿”，可是绝对的“高科技结晶”——她是英国报业联会媒体公司利用美国硅谷高科技技术，精心打造而成的。她拥有人类的各种表情，又有一张巧嘴，天下大事无不知晓。她可在网络汪洋中为你寻找资讯，将处理后的资讯传递给特别的用户(其背后的运作过程是节目制作人先收集有关资讯，将它转换成语音，然后再通过动画，让其以生动的表情播出)。而且，与一般的播音员不同，她不会闹绯闻、不用休息、不会生病、不会罢工，还永远不会老，可谓“十全十美”。

随着科技的发展，安娜诺娃使用的领域也将更加广泛。她可以出现在电视、手机、家用电器以及任何你想用来接收资讯的设备。

英国公司推出虚拟新闻女郎，无非是顺应科技的发展、社会的需求，争占新的传播空间。因此安娜诺娃诞生后，迅速引起了全球媒体的关注。自那以后的短短几年间，美国、中国、日本等国也相继推出虚拟主持人、虚拟偶像，形态越发逼真、技术日益精湛，在世界各地打响了一场争夺全新传播空间的“虚拟”之战。在这个过程中，技术含量更高，更具有全方位、立体化特色的电视虚拟主持人也逐步发展成熟。

仅仅比安娜诺娃晚几个月，2000年12月23日，世界首位电视虚拟主持人——TVNO.1在吉林电视台《网迷时空》节目出现了。这是一个身着半袖T恤的短发虚拟女主持人，主持长约5分钟的新闻类栏目《业界视窗》。如今，该节目已播出了多期，对TVNO.1也进行了多次的修改，其形象经历了从“大妈”到“少妇”的转变。

如安娜诺娃一样，每个虚拟主持人的背后都有一台庞大的计算机进行数据支持。TVNO.1不仅验证了高科技对虚拟主持人的帮助，同时也证明了其背后的中国制作者的智慧和实力。《网迷时空》栏目总策划刘大为的专业是计算机，但业余时间经常爱玩电子游戏。早些年在玩电子游戏时，他就常想：要是能让电视主持人背后，也有类似的数据支持，那么虚拟出来的主持人是可以尝试走上荧屏的。为了将“虚拟主持人”由简单的一个想法变成现实节目中的主体内容，全栏目的工作人员由起初的异想天开玩“火”到后来的玩“命”，在很长时间内没有人提出休息，可谓辛苦之至。

此后，国内又有江苏电视台“QQ小姐”、中央电视台“伊妹儿”和天津电视台“言东方”等虚拟主持人相继亮相。但是必须承认，国内这些电视虚拟主持人在技术上都还是比较粗糙的。

有的虚拟主持人就像是个摆设，动作较为呆板，偶尔摆摆手、眨眨眼、笑几声，或打个喷嚏，很难得到大范围观众的喜欢。

在国外，更为智能化的电视虚拟主持人也已经出现了。2002年夏天，英国广播公司（BBC）就曾推出一位科技直播节目虚拟主持人，他能借助“会话机”与嘉宾、观众进行互动交流，甚至即时回答事先并未准备过的问题。显然，和这位“思路敏捷”的虚拟主持人相比，我国的电视虚拟主持人们还有一段相当长的路要走。

2004年11月，我国首位采用先进的真人动作捕捉技术打造出的三维虚拟电视节目主持人“小龙”亮相中央电视台电影频道《光影周刊》栏目，可谓是我国电视虚拟主持人史上具有划时代的一笔。他突破了此前几位虚拟主持人的技术瓶颈，能够真正站起来、走起来、动起来，初步具备了一位节目主持人的雏形，而不只是单调呆板的新闻播报员。

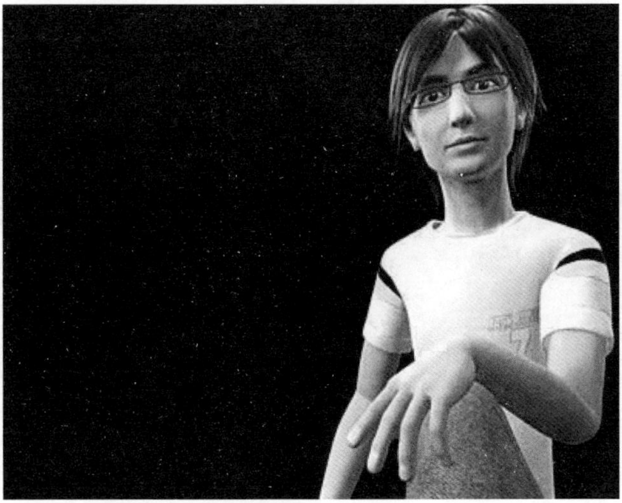

中央电视台电影频道的“虚拟主持人”小龙

作为一个由电脑合成的三维动画人物，小龙的造型时尚，服饰打扮随心变换。他精通外语，擅长歌舞，对电影知识如数家珍、娓娓道来，遇到自己钟爱的影片，他还能随时幻化成片中的某个角色。然而，经过重金精心打造的小龙却并没有如预期那样火起来。他过于正统的形象、单调的动作以及永远不会转动的眼珠、模式化的主持风格，让许多观众感到不满意。经过几番改造，小龙的进步令人惊叹：他已能毫不费力地完成眨眼、挥手这些动作，还能根据说话的内容配合相应的手势，甚至边主持节目边闲庭信步、摆弄摆弄手边的相框，举手投足间颇有大牌主持人的风范。

可以说，从技术上讲，小龙已经远远胜过目前国内其他的网络和电视虚拟主持人了，然而他依然没有摆脱备受冷落的局面。

为什么同为虚拟主持人，电视虚拟主持人和网络虚拟主持人却有着“冰火两重天”的地位？为何至今世界上还没有一个电视虚拟主持人能成为荧屏的“宠儿”？

虚拟演播室

原因是多方面的。显然，和真实的电视主持人相比较，现阶段电视虚拟主持人还处于劣势：他们中最优秀的也不过能动动嘴皮、眨眨眼、挥挥手，至多能做到“像人”，但亲和力和感染力都远远无法和真实主持人相比。而且大多虚拟电视主持人还只能胜任提前编辑录制好的新闻、信息服务类节目，对互动要求极高的谈话类乃至综艺类节目仍然无能为力，他们其实是没有任何“话语权”的傀儡。此外，由于观众的收视习惯尚未改变，要他们接受一个虚拟人来主持节目，还需要相当长的一段时间。

除了这些，在制作和维护这些虚拟明星上所花去的大量财力和时间，也是其难以长期存在的一大原因。虚拟主持人必须要有大规模的费用投入。以小龙为例，从原型设计到最终成型，用了整整一年时间，耗费100多万元人民币，整个制作过程相当繁杂：配音演员要按照写好的台词完成声音部分，技术人员再将其因场景不同剪辑成单个镜头备用。随后根据镜头的需要，再通过一套从美国、澳大利亚等国引进的高科技设备，从真人的动作中捕捉出无数个动态的点，并将它们连接成线，至此小龙的轮廓才基本成型。与此同时，另一组人员需要使用电脑声音软件对照配音寻找口型匹配的画面，声音和画面在这里被合二为一。

对于一个虚拟主持人来说，花费如此巨大的人力和财力制作一集节目却往往只会重复播放一两次。这样的投入产出对任何电视节目来说都是无法接受的，因此目前虚拟主持人的作用更多只是用来炒作而已，这也导致了很多虚拟主持人的粗制滥造。

而在互联网上，虚拟主持人之所以得到网民的热烈回应，是因为他们为这个充满数据和符号的虚拟空间涂上了一抹人性化的亮色，使网络世界顿时变得立体化和丰富起来，这无疑是一个革命性的创举。电视则完全不同。自电视诞生以来，之所以能够迅速超越传统印刷媒体和广播媒体，恰恰是因为它的“活色生香”和即时互动性。稚嫩且略显呆板的虚拟主持人进入电视业，不是以己之短、较人之长吗？

尽管如此，虚拟电视主持人与真实主持人相比，还是具有一定的优越性的：

首先，虚拟主持人具有稳定高效的工作状态，他们不会像真人一样有生理和心理状况的高低波动，只要提供足够的技术支持，他们就能始终“神采奕奕”地以最高效率投入到节目制作中去，这就保证了节目稳定的水准和质量。

其次，虚拟主持人具有强大的信息处理能力。我们常常赞叹一些真实主持人知识渊博、学养深厚，能“上通天文，下知地理”，而这些对于虚拟主持人来说显然不在话下。今后随着技术的不断发展，相信虚拟主持人在临场应变和互动交流等方面的能力也将得到不断提升。

再次，虚拟主持人具有极强的可塑性，可根据观众的反应迅速做出调整和修正，以最大限度地为观众提供个性化服务。相比较而言，真实主持人的可塑性和修正速度无疑要逊色许多。而且一个成功的虚拟主持人可以和那些“大腕儿”级的真实主持人一样，成为优质节目的形象代言人和品牌标志，但却不会像真实主持人一样为成名后的种种烦恼以及如何进一步提升、超越自我等问题而忧心忡忡。如此一来，节目制作的重心将能更多地放在节目内容的充实上，这无疑有助于电视节目内涵的丰富和质量的提高。

因此尽管电视虚拟主持人还处在非常幼稚的阶段，但自有其生存的土壤和自己的特色，同时也已经以迅捷的前进脚步向我们展示了巨大的发展潜力。真正决定其发展前景的，是他们是否能在人性化、个性化和亲和力方面取得突破，也就是说，他们仅仅模仿人的形体、动作是远远不够的，还必须拥有自己的“魂”（虽然这一切仍需要制作者去赋予）。一个能带给人启迪和深入思考的虚拟主持人，才能真正吸引观众的注意，否则他又与那些“花瓶”式的主持人有什么区别呢？

虽然虚拟主持人的发展对电脑动画、实时模拟、语音识别和人工智能等技术的发展都提出了很高的要求，但专家们已断言：10年后我们将很难分辨真实人物和虚拟人物的差别。我们有理由相信，技术的发展和内涵的挖掘将会使虚拟主持人逐渐独当一面，使我们的荧屏和生活更加丰富多彩。

“虚拟爱情”的滋味

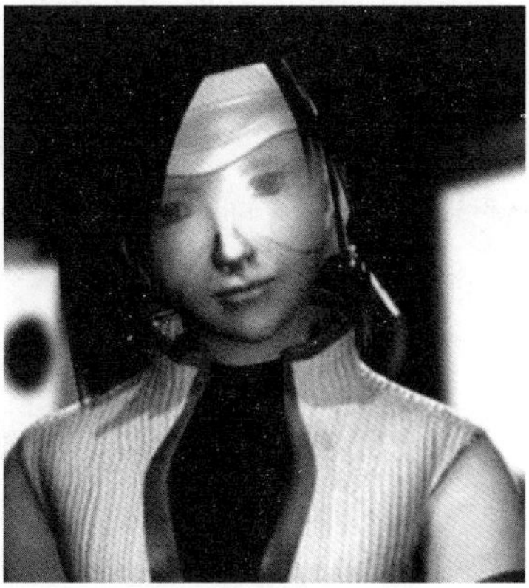

手机上的虚拟女朋友

近几年来，一些网站、手机纷纷推出“虚拟女朋友”、“虚拟情人”、“手机女友”等游戏。这些游戏，显然多半是专为那些苦于女朋友无着落的男士们设计的。不论你喜欢温驯内敛的淑女、清纯可爱的美眉，还是“野蛮”

好动的辣妹、冷艳性感的美人，你都能选到一个如意的“虚拟情人”。

比如日本一家公司推出的“虚拟女朋友”手机游戏，里面有教师、空姐、吧女、大学生等7种女性形象可供选择。参加者只需每月支付300日元，就可通过手机上网系统，按喜好跟适合自己的“女友”交往了。你可以跟她亲密互动，比如聊天、约会，或培养她的厨艺等。随着你们交往增多，她对你的亲密度、满意度也会发生变化。

每天你可以给“女友”发送3封电邮情书，她会就此做出反应。如果你只发了几封信就急着向她示爱，她也许对你不理不睬。不过，如果你在适当时候问适当的问题，或许可以得到极具挑逗性的响应。

在和她确立恋爱关系之后，程序还会为你们增加新的约会场所，比如游泳池、酒吧、舞厅等。此后根据你的要求还可以培养她的各项技能，比如学习、艺术、体育、打扮、厨艺、混帮派等。而如何将她培养成你的“完美情人”，尽在你的掌握中。

你可以随时查询“女友”的状态、亲密度。每个女孩都有一系列特殊时间，比如起床，睡觉（午觉）和洗澡时间。根据女孩类型的不同，在特定时间会触发特定的事件。比如在你生日或某个特别的日子，会发生什么事情，这只有你自己去体会了。

幸福的感觉，有时候你也可以真实地感受到，尤其是在你和“虚拟女友”的感情发展到很深的时候。

在1至3个月的交往过程中，如果你能发掘出“女友”的52个心底秘密，那么，真心真意的你将会得到一份永恒的爱的承诺。当然，如果你和“虚拟女友”经过一段时间的交往后，觉得你们不合适，那也没关系，你可以马上和她分手，这是你的自由。

又比如香港一家公司推出的“虚拟女友”手机游戏，设置有三维的虚拟女性角色，她能够跟用户问好，陪用户议论和聊天。她置身在三维空间中，并可以在18个不同场景间自由切换。有趣的是，所有女孩子特有的性格，她全都有。你要想同她增进感情，哄她开心，就要带她去看电影或泡吧，送她鲜花或巧克力。另外，你还得对她倍加呵护，因为她和现实中的女性一样，感情细腻敏感。你们可以进行情侣间的亲密对话，以增加真实感。她能够跟你从哲学聊到电影，话题超过35000个。

如果你交上了这么一个“手机女友”，那么就有你忙的了。她每天就像真人一样：睡觉、煮早餐吃，而且她每天还会去上班。你得尽到作为她“男朋友”的责任。为了防止你被“虚拟情人”的魅力过度迷倒而成瘾，程序会把你每天和“女友”时间限定在1小时之内。当游戏进行到一定层次之后，你还可以向她“求婚”。

当然，这位“娇小姐”并不仅仅是简单的手机屏幕动画，跟她谈恋爱，你得做好精神上和物质上的准备，因为她对“男朋友”的要求不亚于任何现实中的女孩子：她极其喜欢接受礼物，鲜花、巧克力、汽车、钻戒，来者不拒。而大部分的“虚拟礼物”，需要用户每月花钱购买，这些费用将被软件开发商收入囊中。所以谈一场“虚拟恋爱”，其中的苦与乐，只有你自己去体会了。

对于这些手机和电脑网络里的“虚拟情人”，人们的看法不一。有人认为，“虚拟女朋友”游戏把女性当成了玩物，使她变成一种“宠物”，是对女性的歧视。而且只要送礼，说好听的话，“她”就开心，既物质至上，又没什么头脑，这不过是商家为赚钱而想出的招。人们如果太沉溺于虚拟世界，也就会忽略现实生活中的感情。虽说“虚拟女友”只是个游戏，然而游戏的方式却是两个人在“谈情说爱”，那在精神层面上与现实中的恋爱不就违背了爱情的专一性了吗？再说，如果有人在网络里养一群“女友”，这在道德层面上应该如何来看待呢？

有人却认为，交个“虚拟女友”也不错，至少“她”不会骗你，永远都忠实于你，以填补你精神上的空白。

与上述存在于手机、网络里的虚拟情人不同，美国有个叫德鲁·伯罗斯的设计师，发明了2D虚拟女朋友。她会拥抱，爱撒娇，可以真实地投影在你现实中的床上。

伯罗斯表示，这项发明主要是跟众多孤独的男士一起分享，避免一个人面对空荡荡的床，解除孤独、寂寞和相思之苦。

伯罗斯设计的INBED投影装置，其实是一个简单的“红外感光”系统。放映机悬挂在天花板上，将一个二维的女孩图像真实地投影在你的床上。这个虚拟女孩可基于红外传感器进行动作响应。通过红外传感器，投影装置会根据你将要进行的动作和姿态，发出感应指令让虚拟女孩做出相应的配合动作。比如：当你背对着虚拟2D女孩躺在床上时，她将偎依在你的身边；她会卷曲着身体躺在你身边，当你试着亲吻她的面颊时，她会轻轻地接近你的面部；有的时候她会撒娇，翻身用枕头盖住自己的脸，等待你的爱抚和亲吻。

有些可惜的是，这项发明仅实现了二维虚拟，也就意味着你并不能真实感受到女友的存在。而且，这个2D虚拟女友，一直都是穿着衣服的。

此外，另一些电脑专家，也正在致力于更加生动的“电脑

德鲁·伯罗斯发明的2D虚拟女朋友

虚拟情人”的研制。如今全球大约有数十名科学家正积极研制电脑程序，配合视频眼镜和特制的电子触觉手套，可让人们与任何“虚拟人”发展浪漫情缘。如果成功，人们便可以通过模拟感观装置，与“虚拟情人”实现“肌肤之亲”。

这种更高级别的虚拟世界中的人物，将具有高度的真实感。你可以像玩游戏一样，选定任何人物做情人，包括一些明星偶像。英国一名电脑设计员说，最初这项技术的灵感来自于模拟飞行器，人们一开始都避谈“虚拟情人”这类事，只埋头发展其他电脑游戏。但是世界正在快速变化，人们总想从电脑中获取更多和更好的体验，而“电脑虚拟情人”可能是终极体验。

当然，这类性质的虚拟现实技术也引起了不少道德争议，尤其是那些被模拟的明星肯定不能接受自己的形象被人如此利用。但是目前暂时还没有法律限制这种技术，明星们最好的办法，就是赶快去替自己的形象申请专利，以免一不小心就成了“大众虚拟情人”。

电子宠物：爱心在虚拟世界中延续

宠物可以说是人类永远的朋友。尤其是在现代快速的生活中，人与人之间的交往日渐淡薄，住在高楼林立的大厦里的人也许一年到头都见不到邻居一面，紧张繁忙的生活让人们终日奔波，倘若家里养一些宠物，可以缓解人们紧张的情绪，调节一下生活的情趣。然而随着人们饲养宠物的数量越来越多，由宠物带来的社会问题也逐渐成为人们的困扰，类似于流浪猫、流浪狗过多引发的社会问题一再受到社会的关注。

如果你喜欢宠物，又苦于现实生活中种种难处而无法饲养，那么网络里的虚拟宠物，是你最好的选择。在网络技术高度发展的今天，高科技虚拟电子宠物的出现，使得爱宠一族有了新的选择。在网络的世界中，宠物不但成为虚拟世界中最忠实的朋友，而且一个优秀的宠物更形成了讨好异性网友、炫耀虚拟财富的象征。当空虚之时，召唤出你的电子宠物，或许其能为你带来更多的朋友。

事实上，在十多年前电子宠物就已出现了。最先开始风行的是一种叫“电子鸡”的虚拟宠物，这是1996年日本玩具设计师真板亚纪本发明的一种袖珍电子游戏机，相当于一台微型电脑。她的本意只是迎合高中女学生饲养小动物的兴趣，结果没想到这个小东西很快就风靡了东南亚，以至到了男女老少咸宜的地步，使得日本玩具制造商万代公司靠着生产“电子鸡”而大发了一笔横财。

说穿了，“电子鸡”就是在微型电脑里输入了一种养鸡的程序，让你按程序去操纵那只可望而不可即的“鸡”。什么时候喂食，喂多少食，喂什么食，什么时候饮水，什么时候休息等等，都要掌握。而这些内容电脑软件都为你准备好了，都储存在“电子鸡”里。你操纵起来，就像真的在养鸡一样，从它出壳到长大，其过程与一只鸡的真正生长过程无异。如果操纵正确，自然养得也对，你就耐心操纵下去，如果一直正确，“鸡”就能养成；如果你有一处操纵错误，比如食喂多了，或让鸡一直饿着，就会半途而废，把“鸡”养死。

现在，网络里的各种类型的电子虚拟宠物，可就越来越多了，花样也越来越多。比如QQ宠物，比如开心网的虚拟小狗，都是越来越逼真，越来越讨人喜欢。新一代的虚拟宠物除了宠物与饲主间的玩乐、喂食外，更多了宠物与其他宠物之间的互动功能，使虚拟宠物能在不同的饲主电脑桌面“串门”。而新增加的互动功能，为饲主们提供了一个热烈讨论的虚拟空间，成了网络宠物迷们相互交流饲养宠物心得、炫耀自己的宠物宝宝、交流感情的社区生活空间，增添了许多现实生活中不能得到的乐趣。

目前电脑网络里最流行的虚拟宠物游戏，要算QQ宠物了。它依托着QQ超过5.3亿的注册用户，广受欢迎，同时最高在线人数早已突破100万。其虚拟宠物有多种小动物可供选择，选一只你喜欢的小动物，饿了就喂它点吃的，脏了就要给它洗澡，病了就带它去看医生、吃药。当然，它平时也不总是闲着，它还要打工赚钱和学习，长大后一样也要找其他宠物恋爱、结婚，生下新的宠物宝宝……

在网络虚拟世界，饲养虚拟宠物可以给玩家带来无限的欢乐和惊喜。有的玩家因为养宠物而结缘，最终走上了红地毯，成为一段佳话。

电子宠物虽然只是一种虚拟游戏，但也还有其他的用途。比如说，科学家利用虚拟宠物的这种生长方式来进行科学研究。美国一所大学的科学家，就研制了一种类似“电子鸡”的“电子植物”。他们在电脑中输入了种植植物的程序，如玉米的生长发育程序，有关光合作用、日照强度、养料在土壤中的扩散等对植物生长的关系式等，这样，只要点一下电脑上相应的按钮，就可以在电脑屏幕上出现玉米种子萌芽、出土、生长、结果的全过程。真玉米要花4个月才能经历的全过程，在电脑上，只要15分钟就能完成。

利用“电子植物”模拟植物生长发育过程好处很多，不仅可以快速研究植物的生长过程，而且可以把当地气温、降雨量、日照、风力等条件输入电脑中，得出当地生长这种植物的最佳条件，就可以因地制宜地实现科学种田。另外还可以在电脑上，通过基因控制改变植物品质，最后培养出优良的植物品种来。

娱乐舞台打造超级“虚拟偶像”

2001年，一支名叫“街头霸王”（Gorillaz）的乐队在英国歌坛横空出世，并且迅速走红，成为全球乐坛的一道亮丽风景线。与其他乐队不同的是，该乐队竟是一支“虚拟乐队”！

说来颇有点讽刺意味，这支大名鼎鼎的“虚拟乐队”是在当时一些所谓的实力派英国乐手看不惯偶像团体泛滥，“降低”了英国乐界水准的背景下，由英国的一位著名漫画家和某著名

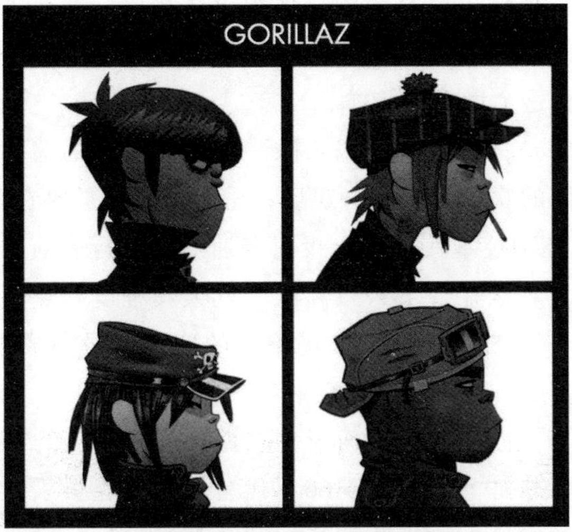

虚拟乐队“街头霸王”（Gorillaz）

乐队的主唱联合组建起来的。前者负责乐队的卡通形象创作，后者则贯彻我行我素的音乐主张。乐队的四名成员全部是以纯粹的美式卡通形象出现，各具特色，主唱2D酷不可挡，是女性歌迷的痴迷对象；贝司手魔头是一口绿牙的老烟枪，总爱骂脏话；鼓手洛胖一副心宽体胖的样子，是个住在纽约的回教徒；吉他手小面是日本人，同时也是个中国功夫一流的高手。他们在MTV里做各种激情的表演，没想到竟然大受欢迎，不仅专辑唱片大卖，还曾获得多项音乐大奖。

这支“虚拟乐队”的成功，主要还是归功于他们高质量的音乐，丰富的音乐元素，加上有趣的画面，适度的颓废和有些天真的调皮，加上天马行空无拘无束的想象力，使得“街头霸王”乐队充满了奇特的魅力。这些24小时可以上通告、不会抱怨、不闹绯闻又不会变老变胖的“虚拟艺人”，成了音乐代言的最佳管道。他们可以毫无顾忌地跟媒体直言，甚至大肆批评其他的偶像艺人。偶尔，他们还爆出一些虚拟的“娱乐八卦”，就跟真的活在这个世界上一样。

有趣的是，这支“虚拟乐队”还搞过自己的巡回演唱，并受到了空前的欢迎。在演出现场，乐队真人成员躲在幕后演奏，利用投影和3D技术在布幕上投射卡通形象进行表演，连嘴型都分毫不差，观众在台下兴致高涨，其火爆程度一点不亚于真人现场。而许多歌迷甚至从未将乐队的四个成员当成虚拟人物，他们给乐队成员写信，索要海报和签名。

事实上，以虚拟的卡通形象来做音乐及MTV的主角，这创意其实并不新鲜。从20世纪60年代著名的甲壳虫乐队的《黄色潜水艇》开始，无数乐队和流行歌星都推出过二维或者三维的动画MTV，可是都没有像“街头霸王”乐队这样成功。中国现在也有了一支自己的“虚拟乐队”，名叫不靠谱乐队，曾出了几

歌迷甚至从未将Gorillaz乐队的四个成员当成虚拟人物

首单曲，但影响并不大。

台湾曾出现过一个成功的“虚拟歌手”，名叫讦谯龙，长得其貌不扬，唱起歌来却很酷。他首度出现是在2000年9月，以“替人唱出心中的不满”为主旨，登场之后迅速走红，在以年轻用户群为主的网络族群中受到高度共鸣，第一张音乐专辑就卖了3万张，曾被誉为“网络歌神”。这个网络动画作品中的虚拟人物，出道不久就引起了一家大企业的注意，很快成了该公司产品的形象代言人。更多的企业蜂拥而至，甚至开出百万元的身价，邀请讦谯龙为其产品做宣传。于是讦谯龙的形象频频出镜，风采绚丽且不知疲惫，大把的钞票流入讦谯龙老板的腰包，讦谯龙自己却分文不取。

韩国也有一个颇有名气的“虚拟歌手”，名叫Lusia，可以称得上是个才女——她会写诗，还能作曲，这一点在现实中就没有几个女歌星能比得上了。因为幕后有很多真正的艺术家在为她工作着，这使她风头强劲，成为名副其实的“韩国第一虚拟偶像”。

在万众瞩目的舞台上，还有一类“虚拟人”受到当今时尚界的欢迎，即“虚拟模特”。比如以成功推出辛迪·克劳馥、琳达·伊万奇利丝塔和纳米·坎贝尔等大牌名模而闻名于世的精英模特公司，新近又拥有了一名虚拟的超级模特薇比·多姬，她简直是太完美了，拥有着超完美的身材，综合了欧洲金发女郎、拉美以及亚洲美女的各种优点，被设计得不胖不瘦，恰到好处。而且她可以在任何地方、任何时间上台表演，从来不会迟到，从来不知疲倦，也不会因个人生活而影响工作。她还具有分身术，可同时出现在世界上的多个舞台，再也不会遇到场次冲突的尴尬。更让真实的模特们感到异常嫉妒的是，她不用吃东西，因而不会发胖，也将永远保持年轻美丽的形象，不会衰老。

更让真人感到有压力的是近来频频出现在荧幕中的那些“虚拟演员”。1988年，真人动画电影的先驱——华纳兄弟公司发行了一部真人动画电影《谁陷害了兔子罗杰》，这部影片由著名导演斯皮尔伯格担任制片。该片运用了20世纪80年代电影科技的最新手段，使真人演员和“虚拟演员”——卡通角色同台表演。其中真人和“虚拟演员”的默契配合，竟然天衣无缝，甚至“虚拟演员”的表演比真人还要更加出彩，实在让人大开眼界。

1996年，英国的一家公司发行了一款震惊世界的集冒险、解谜、角色扮演于一体的经典游戏《古墓丽影》，游戏的主角是一个三维虚拟女性——劳拉。这位“虚拟辣妹”几乎集中了现代女性的全部优点：独立、勇气、坚毅、智慧，当然还有性感与魅力，一时之间使得所有的游戏迷们为之疯狂，他们傻坐在电脑屏幕前，眼睛盯着这个完美女人，视线随着她性感的身躯摇摆打转。随后，她竟登上了《时代》杂志的封面，这可是虚拟世界中的人物第一次成为该杂志的封面人物。此外，她还被评选为“全球最有影响力的50人”之一、“好莱坞未来的票房女神”等等，俨然已是一个星光闪耀的超级巨星。这可以说是虚拟人物的最高荣誉了。

三维动画电影《最终幻想》凭着其超级精细的制作、逼真的电脑3D人物模型，曾引起过真人演员的恐慌

而2001年出品的三维动画电影《最终幻想》，凭着其超级精细的制作、逼真的电脑3D人物模型，曾引起过真人演员的恐慌。“虚拟演员”艾琪一

点都不像是用电脑特效制作而成的，她眼睛的瞳孔、血管、睫毛，皮肤的折皱、毛细孔、雀斑，嘴唇的纹路，每一处看起来都像真人一样。美国一本杂志曾经作过调查，将印有艾琪的封面杂志分发给路人，结果没有人能够分辨出这位超级美女是用电脑创造出来的。摄制组原本找上知名好莱坞影星凯文·贝肯担任幕后配音，但这位影星担心数码动画演员们有一天会抢走他们的饭碗，吓得不愿接下配音工作。就连奥斯卡影帝汤姆·汉克斯在看过《最终幻想》的画面之后，也开始担忧起真人演员以后的工作机会。后来虽然这部惊世骇俗的作品上映后遭到了票房失利，但其栩栩如生的三维动画影像，已使观众感到前所未有的震撼。

而影片《指环王》的出现，更是让人们惊叹像“咕噜”这样一个虚拟角色所做出的巅峰造极的表演，它甚至还险些拿下奥斯卡最佳男配角奖。

其实，随着计算机技术的不断发展，越来越多的电脑特技被应用在电影领域。不需要工资的“虚拟演员”不知辛劳地日夜工作，这些电脑技术使得导演可以构思现实中不可能存在的情节环境，也减少了影片开支。比如《哥斯拉》中的怪兽、《侏罗纪公园》中的恐龙，还有《空中大灌篮》、《玩具总动员》、《蚁哥正传》、《海底总动员》、《怪兽电力公司》、《功夫熊猫》等等，越来越多的“虚拟演员”争相出现在荧幕上，跟星光闪耀的电影明星们争夺

《指环王》中的虚拟演员“咕噜”险些拿下奥斯卡最佳男配角奖

眼球。

影视娱乐巨头迪士尼公司的一位官员曾说过：“21世纪的演员将是完全服从导演的计算机程序。”计算机这个已经击败国际象棋大师卡斯帕罗夫的家伙，已经夺去了众多设计师、会计师的饭碗，难道它还要夺走演员的饭碗吗？“虚拟演员”是否有一天会最终取代真正的演员？

在资深电影人眼中，“虚拟演员”的挑战在今天依然是微不足道的。“星球大战”之父乔治·卢卡斯应该算是使用虚拟角色最多的导演了，但他不认为电脑可能对演员造成什么实质性的威胁。他说：“毕竟，我需要能与我心灵相通的演员来领会我的用意并加以演绎发挥，而‘虚拟演员’始终不可能达到如此具有智慧和能动性的高度。”而曾制造出“侏罗纪恐龙”的斯皮尔伯格的回答更干脆：“‘虚拟演员’代替真正演员？这不可能，这根本就是一个不值得讨论的问题！”

诚然，在幽默与人情味上，很长一段时期内，“虚拟演员”都将无法与人类演员相提并论。虽然“虚拟演员”可以比施瓦辛格更强壮，比卓别林更滑稽，比费雯丽更妩媚，可以成为优秀的演员，但是难以成为比他们更为伟大的演员。

在这个问题上，仁者见仁，智者见智。无论如何，看好三维动画影片的人们依然满怀信心。电影业界风云变幻，电脑技术日新月异，我们有理由相信，全虚拟三维动画电影在不久的将来，应该会具备向传统意义上的影片发起挑战的实力，这是不以某些人的意志为转移的。而且影视业许多靓男美女都是吃“青春饭”的，光阴无情，红颜易逝，一段时间后只好黯然退居后台。但“虚拟演员”青春常在，活力永存。这也是“虚拟演员”的优势之一。

另外，虚拟现实技术的出现，还会进一步拓宽三维动画电影的应用空间。这项技术已在电脑游戏等娱乐领域体现出无穷的魅力，对于电影来说，虚拟现实是交互式电影的实现途径之一，试想由观众亲涉其间，控制角色的举动，从而对场景产生互动后果，这是怎样一个梦幻般的体验啊！未来电影中，虚拟现实完全可能与现实分庭抗礼，使观众真正置身于一个虚实莫辨的主观体验的境界之中。

而且，“虚拟演员”的出现，将使得拍摄个人电影成为可能。各个软件公司开发出数不胜数的“虚拟演员”，通过互联网和光盘发行。个人或家庭电影工厂则可方便地下载和购买这些演员，或者采用新的软件，自己直接制作演员，然后将“虚拟演员”的表演、美丽的布景、同步的声音通过紧凑的故事情节拼装起来，就成为一部影片，通过网络发布，与他人分享。

复杂的电影拍摄设备变成了一台计算机，有血有肉的演员变成了程序。个人可以身兼制片人、导演、摄影师、布景设计师，手握编写剧本，集选择明星、选择艺术手法、布景、发行等诸多大权于一身。拍摄电影或将成为亿万人的个人爱好：人人都可以过过导演瘾，谁说你不是下一个斯皮尔伯格呢？

虚拟舞台剧：在虚拟世界里“唱大戏”

虚拟世界的大幕一经拉开，呈现在我们面前的是一个宽广无边、难以想象的绚丽世界。虚拟世界也将给戏剧导演一个尽情挥洒才华的广阔舞台。

上海戏剧学院多媒体演艺虚拟空间合成实验室正在进行一

项“虚拟戏剧舞台”的研究，该项目总投资达5000万元。项目负责人徐承志和他的8个年轻同事，正在一间狭小的办公室里奋斗。他们近阶段的目标，是在“虚拟世界”里进行舞台剧的创作和排演，然后再搬上现实的舞台。而将来，该技术若能研制成功，戏剧导演将很可能只依靠电脑，就能制作出一台精彩的数码舞台剧：在电脑里搭建舞台，包罗了所有的布景、灯光、角色，在虚拟世界里“唱大戏”。

在过去，戏剧导演的想法往往只是他们的脑子里的一种感觉，舞美、灯光、服装等人员需要反复揣摩，排演费事费力，道具常常需要返工，服装一般会浪费1/3。有了“虚拟舞台”，导演和助手们只需动动鼠标，很快就能完成布景、灯光、走台，不用彩排就能看到舞台效果；有改动，几秒钟就能实现。丫鬟打扮得像小姐？从“女性服装”数据库里另挑一件换上；老房子没有老房子的味道？检索一下，新的民居马上就能搬上舞台，真可谓方便之极。

然而搭一个舞台，排一出戏，说起来很简单，要想在电脑中尽可能仿真地出现，却不是那么容易的事情。静态的布景用电脑技术实现起来很简单，难就难在动态的模拟：一是灯光，二是动作。目前，“控制8盏灯”是虚拟现实技术的极限，其他只能事先画上去，很难做到即时互动。可要营造舞台氛围，灯光有时需要100来盏。灯光难，肢体语言更复杂。3D的游戏人物不过二三十个动作，而“虚拟舞台”要面对成百上千个剧目，至少需要几百个动作。因此得建一个庞大的数据库，以容纳各种道具、服装、布景、动作、角色等，来满足各类戏剧创作的需要。

现在，“虚拟舞台”已粗具雏形：西式的门廊、低矮的篱笆墙，形成一个旧时小院的布景，两棵树分立两侧，中间是一张圆桌和几把椅子。这些布景全部都是由软件制作，摆在一个虚拟的空间里。该女主角出场时，你只需从“虚拟演员”数据库里选定一位，轻点鼠标，她就上台了；再点击椅子，她款款上前，扶着椅背，优雅地坐下；然后音乐、灯光、烟雾、对白等等，你都只需要点击鼠标就能按照你想要的效果出现。

虚拟现实技术，也使得观赏的视角无论从任何角度欣赏都成为可能：拖动鼠标，视角一下子从台下的观众席“飞”上了天空，变成了一个俯瞰镜头；再转转滚轮，观众又仿佛钻到了桌底下。

我们知道，传统戏剧节目不易被保存，经常是排一个戏丢一个戏。录像只能大略记录演出情况，但排练是非常关键的创作过程。有了“虚拟舞台”，不仅是舞台的每个细节，连排演的过程、导演的调度也能原汁原味地保留下来。十年后，如果想复排一出戏，查查电脑，过去的积累一点都不会漏。

不仅如此，大型文艺演出的开幕式往往要经过多次彩排，而虚拟的彩排不但省钱，需要的布料、木材、人工也马上能形成清单，成本一目了然，这就要方便得多了。

更重要的是，观众只需坐在家里打开电脑就能观赏到不亚于现场效果的“虚拟戏剧”。跟看电视节目不一样，你还可以跟戏剧制作人员、虚拟演员、其他观众等进行互动、交流，而且你还可以根据自己的喜好进行舞台场景、视角的变换，如果对其中的某个“虚拟演员”的形象不满意，你甚至可以让他“下课”，换上一个你喜欢的形象。主动权，掌握在你的手里。“观众就是上帝”在这里得到了真正的体现。坐在家里观赏“大戏”，这一天，已不会太远。

网络时代，人人都可当“老板”

法国小伙子塞纳原是一家超市的理货员，但他也经常会到网上购买一些生活日用品。让他感到不太满意的是，他每次在网上购买东西的时候，都要先到很多的网络商家中去搜寻，因为这些商家不像超市、卖场那样按主题划分产品，搜寻起来十分麻烦。他就想，如果自己建立一个虚拟超市，不就可以解决这个问题了吗?

2007年，塞纳辞去了超市的工作，自己在网络虚拟空间中当起了“虚拟超市”的老板。他先购买了近千个网络空间，再将这些网络空间合并成了一个“虚拟超市”。然后，他通过网络向网络卖家招商，第一个月他就招到了300个商家。每位商家需要向塞纳交付约200~500欧元/年的使用费，就可以在虚拟超市中展销自己的产品了。结果在一年多的时间里，塞纳就赚了百万欧元。现在，塞纳的“虚拟超市”中已经有大约5000家商户。

在电脑网络四通八达的今天，越来越多的人热衷于在网上开起了自己的公司，当起了“虚拟老板”。比如有的上班族，过着双重身份的生活，白天在别的公司上班，是个“高级打工仔”，而下班之后或双休日却摇身一变，成了网络“公司”、“店铺”里的“老板”，打理自己的生意，忙得不亦乐乎。

在网上开店当“老板”，更是大学生们较为热衷的事情。他们一边读书，一边创业，既能培养自己的经商能力，又能赚到学费和生活费，不用父母为自己操心。有统计数据显示，目前大学生店主在淘宝、易趣等大型网络商务平台中就占了30%左右，而其中又以女性居多，经营的店铺主要是卖首饰、护肤品、化妆品等。

在网上开店做生意，非常方便，只要按照一定程序在一些免费提供“店面”的网站注册申请就可以了，不需要像开实体店那样手续烦琐并且限制多多。而开虚拟店铺的关键，是要有诚信。你有了诚信，生意才会越做越大，才会越做越火。有经营得比较好的，月收入上千甚至上万，并不亚于一家实体小店。

电子商务，也为我国每年涌现的就业大军缓解了不少压力。毕业即失业，已成为我国大学毕业生的一种现状。不少在校大学生之所以选择网上开店，也是在为将来毕业多做一个准备。虽然要一边学习，一边辛苦创业，即使很累，但能让自己过早地融入社会，培养自己处理各种实际问题的能力。有的大学生就表示，如果毕业以后找不到合适工作的话，就打算全职当网店老板——没有机会，就自己创造机会嘛。

我国是农业大国，每年都有大量的农民工跑到沿海发达地区打工，数量惊人。然而受到国际金融危机的影响，沿海一带的很多加工制造业面临着很大的压力，不少工厂纷纷倒闭，造成了农民工“返乡大潮”，一些农民工甚至觉得前尘渺茫，不知该何去何从。其实如果转变一下自己的观念，变被动为主动，利用当今越来越热的电子商务，何不在网络里开一家自己的店铺，自己当老板，经营一些农产品呢？利用农村的小额贷款，摸索着走上新时代的“现代农民”之路，又有何不可？只要你善于思考，善于发现，充分挖掘农村中的优势，虽说未必能成为荣登福布斯排行榜的大老板，但养家糊口应该是没有什么问题的。

我们的思路，决定我们的出路！虚拟世界并不是虚无的，它也能为我们的现实生活创造财富。有关数据显示，2006年我国网络购物总额超过了300亿元人民币，而占据着国内网上交易约80%市场份额的淘宝网，同年全年交易总额突破169亿元，竟超越了世界零售巨头沃尔玛在华的全年营业额（99.3亿元）。如今，我国的网络购物年均增长50%，专家预测，到2011年，中国网络购物市场规模将达到4060亿元。这是一个多么广阔的市场！

网络虚拟世界里，处处是机会。虚拟世界里，一样也能产生真正的百万富翁。我们前面已经说过，华裔德国女教师爱林·格雷夫就是在虚拟游戏“第二人生”里，从9.95美元（约人民币70多元）起家，创造了首个网络世界里的百万富翁，并梦想成真，在老家湖北武汉设立了自己的公司，由一个“虚拟老板”变成为了真正的大老板。这样的奇迹，定会让很多想要白手起家创业的人，得到莫大的鼓舞。

网络购物的全新体验——“虚拟试衣”

足不出户上网买衣服，听起来很好，可以免去逛商场的疲惫不堪，但是买衣服都需要试穿，网上购物能做到吗？倘若商家寄来之后，发现不合体而需要退换，一来二去的，那可多麻烦！

虚拟现实技术在这个时候，就显示出它的魅力来了。德国弗劳恩霍夫学会的科学家与其他科研小组，已共同开发出了一套名为“网上试衣间”的系统。它不仅可以帮助顾客“体验”举手投足之间新衣是否合体，还可以观看不同场合灯光下服装的效果，帮助顾客挑选到满意的新衣。

这种“虚拟试衣”的原理其实很简单，顾客先通过手持式的三维扫描仪对自身形体进行扫描，获得的数据被传输回服装销售商处，形成顾客自己的虚拟三维影像。之后，顾客就可以根据销售商在网站上提供的服装目录，选取自己喜欢的衣服款式进行“试穿”，并可以通过鼠标控制虚拟影像进行简单的举手弯腰等动作，在电脑屏幕上查看衣服是否“合身”。此外，顾客甚至可以调控光线等参数进一步观看服装的整体效果。这套试衣系统已经在葡萄牙波尔图的一场时装秀中亮相，并开始在网上试验运行。

“虚拟试衣”，可以说解决了网购试穿难的烦恼，带给网络购物族一种全新的购物体验模式。在中国，也有人开始了网络“虚拟试衣”的研究。

2006年7月，毕业于英国威尔士大学MBA专业的龙朝阳，开

“网上试衣间”系统

始筹备创建试衣网。因为他已认识到，网络正在以前所未有的速度和力量改变着人们的工作与生活方式。在中国，众多的网络购物商品中，服装名列第一。但是很多网络服装销售商都在犯一个错误：把服装当做标准化的产品来销售。而服装应该是一种非标准化的商品，随着人的身材、气质、场合不同，人们对服装的评价也是不同的，一件衣服适合这个人却不一定适合另一个人，必须亲自试穿才能看到效果。尤其是女性消费者，她们跟男性的购买心理不同，男性买衣服注重的是结果，是实际需求行为；而女性买衣服，更多的是享受逛的过程，需要的是一种逛商场的氛围和感觉。基于这种认识，龙朝阳决定把试衣网建成一个能够直观感受逼真的穿着效果和自由选择搭配便利的“网上试衣间”。

2007年11月，试衣网正式上线运行。首版虚拟试衣模特实现了调节体型、更换头像、更换背景、正反试穿等功能，用户只要输入自己的身高、三围、头像，就可以体验网上亲身试衣的感觉了。

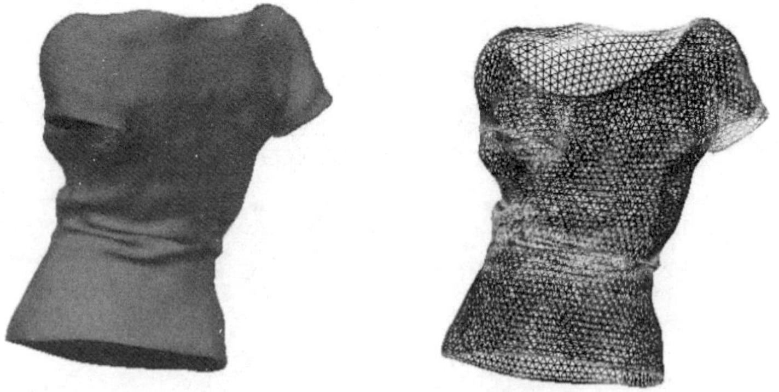

利用三维虚拟现实技术将织物三维化

Flash技术下的“虚拟试衣”

事实上，从技术层面上来说，三维“虚拟试衣”的实现过程比较复杂，而且难点较多。首先，必须利用三维虚拟现实技术将织物三维化，从而合成三维服装。但是织物不同于常见的刚体，易于形变，这就成了这项技术的一个难点。其次，搭建一个三维人体模型。人体模型的搭建除了简单的三维建模技术之外，还需要提供人体调节的功能，而且人体会按照各个地区人们的体形特点而有所区别。人体调节，除了各个部位围度的调节之外，还要有整体的调节，这又是三维试衣技术的另一个难点。第三，三维服装的试穿。这是困扰三维虚拟现实技术的最大难点。因为三维服装穿在三维人体身上后，必须根据人体的凹凸、服装的材质等条件约束后产生形变，从而判断服装的舒适程度，达到试衣的目的。

目前，国内网络上的大量所谓的“虚拟试衣”，都是通过Flash技术，帮助网友挑选合适的搭配，其中的服装和人体都是平面照片。即使能够旋转，也是多个平面照片的黏合而已，距离国际上通行的三维试衣技术还相差甚远。“虚拟试衣”的优势在于真人试穿，然而目前市面上的许多试衣软件，还缺乏贴近用户需求的小细节，比如只提供了用户头像、脸型、背景、挂饰等资料，在发型及妆容效果等方面还没有进行深入开发。而针对身体特点突出的用户（比如孕妇），在某些方面的特殊处理需要加强。

“虚拟试衣”，确实给网络购衣带来了极大的方便。如今，市面流行的三维试衣系统有国外的mvm、Cme等，以及国内的C2pop和试衣网自主研发的三维试衣软件。有的网站已增加了许多灵动气息和具有虚拟购物效果的3D商城，具有超强真实感的购物环境，虚拟了购物的浏览、挑选、支付过程，并具有人机交互功能。

虚拟世界里的生活，还会更精彩。

“虚拟旅游”：足不出户逛世界

“坐地日行八万里，巡天遥看一千河。”这种徜徉于宇宙天地间的自由与潇洒，曾经是多少人的梦想。如今，网络技术的发展，极大地缩短了人们在时间和空间上的距离。人们凭互联网和其他科技手段，冲破地理的束缚，在虚拟世界中自由的“翱翔”。从这个意义上来说，在网络世界里漫游的每一个人，都可以视为“旅游者”。而随着虚拟现实技术对于电脑网络的介入，身临其境般的“虚拟旅游”，终于成为现实。

坐在电脑椅上，戴上数据手套、立体眼镜或立体头盔（也可借助大屏幕显示设备、立体音响、嗅觉传感器等），就可以到世界各地的风景名胜去游览一番了。这种沉浸式的线上虚拟旅行方式，不但能让体验者身临其境地置身于全世界的风景名胜当中，还能利用数码相机拍照留念，跟其他“游览者”进行互动交流。

这是理想状态的“虚拟旅游”，由于设备的原因，很多人还不能做到这样的沉浸式旅游。但是在电脑网络里，一些网站也已经做到了三维的“虚拟旅游”效果，基本也能满足人们足不出户、“行万里路、看万般风景”的愿望。尤其是对于那些“有时间时没钱，有钱时没时间”的人或身体不便的人来说，一些网站里的3D“虚拟旅游”，无疑是最好的选择。

比如一个名为“虚拟瑞典”的网站，该网站利用360度三维实景技术，虚拟了世界上多个国家、城市的大量经典景点。你可以在阿尔卑斯山上欣赏雪景，也可以进入法国巴黎的罗浮宫“虚拟博物馆”中去参观，甚至可以逐层逐间参观。点击网上的三维实景图，还能从不同的角度进行游览，比如平视、仰视，或者拉近观看某个建筑的特写，拉远观看整条街的模样等。

又比如神奇的网上“虚拟海底世界”，可以把物理上的不可能变成可能，让人们在一天之内游遍太平洋、大西洋、印度洋等世界各大洋，感受令人惊叹的海底世界生活，探索隐藏在大海深处的秘密。在这个虚拟的海底乐园，你可以化身为千万种海底生物中的一个，拥有自己的小屋，到海底读书馆读书，去海底电影院看电影，乘坐翻车鱼穿梭在海底的各个城镇之间，和朋友一起在海底寻宝，加入各类海底组织，或做向导帮助其他小鱼……各种目不暇接的体验项目，保证让你乐而忘返。

目前，国内越来越多的旅游网站推出了“虚拟旅游”服务，以满足人们足不出户就能旅游的愿望。如在已开通国内24个城市旅游全景网的“城市吧”网站中，游客可以游览北京、西安、郑州、成都、三亚等多个著名旅游城市的经典景点。不过，大多数的旅游网站对于“虚拟旅游”的理解，不过是为实际旅行做准备，仅仅通过360度的环景全视，以及照片、视频和文字介绍的简单罗列来模拟当地环境旅游，表现力差，趣味性不强，并没有人们期待中的沉浸感和交互感。

真正实现沉浸式高仿真“虚拟旅游”功能的网站，还得有待时日，并还得借助其他的虚拟现实设备。

事实上，早在20世纪90年代中后期，就有科研人员对“虚拟旅游”的概念和原理进行了深入的探讨。当时的科研人员已认识到，虚拟技术必然会影响旅游业的发展，而且虚拟现实不同于电子游戏。首先“虚拟旅游”利用全景式的显示技术；其次，“虚拟旅游”拥有沉浸式的体验；其三，“虚拟旅游”具有交互式的体验。旅游者的体验，将从由特定参数所决定的物理空间进入到虚拟空间。这种体验要借助互联网、专门房间里的大屏幕显示设备、立体音响和数码相机、立体眼镜或立体头盔、数据手套和嗅觉传感器等。

如今已开发出的一些虚拟现实系统，根据临场参与感和交互方式的不同，主要可分为以下三类：

第一类，桌面虚拟现实系统。这种系统主要是通过计算机显示器来显示虚拟世界，计算机图形技术在其中起着非常重要的作用。它的逼真程度较低，沉浸感较差，并不是严格意义上的虚拟现实系统。诸如VRML，一些三维游戏均为桌面虚拟现实系统。

第二类，坐舱式虚拟现实系统。使用这种系统时，用户置身于一个特制的坐舱之中，舱内有一个可以向外看虚拟世界的屏幕，转动坐舱就可以从不同的角度观察虚拟世界，用户不需要佩戴其他特殊装置，从而无负担地与虚拟世界交互。这类系统能达到的沉浸感也较差。

第三类，沉浸式虚拟现实系统。这类系统有着较强的沉浸感，它往往配备有头盔式显示器或是全方位的监视器，使用户能自由的环顾虚拟空间。

这些虚拟现实技术应用到旅游领域，伴随着技术的成熟，开发成本也在不断地下降。比如“虚拟海洋馆”基本装置的开发成本，已从以往的500万元减至30万元人民币，在效果方面也可以得到保证，甚至更好。相信随着地理信息系统、旅游电子商务互动平台等相关资源的进一步丰富和整合，“虚拟旅游”这一模式将更加成熟，也将有更多的人会喜欢这种网络生活的新方式。调查发现，如今45%的美国成年互联网用户使用了“虚拟旅游”的功能。“虚拟旅游”不用办签证，也不用坐飞机，就可以在家中轻松游览这些梦寐以求的景点过过瘾，真可谓方便至极。有的人还通过网上“虚拟旅游”的体验，交到了很多朋友，开阔了自己的眼界。

当然，这种虚拟的出行方式也有缺陷。由于大多的世界景点网站是英文版的，对于一些不懂英文的人来说，可能逛起来会比较费力，而且现有的这些网站也并不能囊括所有的景点。另外，传统出游的乐趣，以及在途中的感受和心境，这些都是“虚拟旅游”无法实现的。

有点缺陷也是好的，否则“虚拟世界”太美好，沉迷久了会让人抽离不出来，那就真的连门都不想再出了。

虽然“虚拟旅游”里的一切皆虚拟，但这份惬意与快乐，倒是真实的。

“GPS监狱”：一种虚拟的“坐牢”方式

对大多数人来说，GPS——全球卫星定位系统早已不陌生了。正是这一技术，让很多驾车者不再担心自己会迷路，也不再抱怨看不懂像蜘蛛网一样密密麻麻的地图。

但是，GPS的功能并非只会告诉你路该怎么走，这种高科技的东西，在西班牙、比利时和美国的一些地方还被尝试用来当做“虚拟监狱”，让犯人不必蹲在真实的监狱里坐牢，给予他们自由的生活，使这些“迷途的羔羊”获得接触社会的机会。

所谓的“GPS监狱”，就是在犯人的身上装载着一只GPS定位系统的手铐或脚铐，以此通过卫星定位他的位置，对其进行监控，从而替代四面铁笼的监狱。目前，这种“虚拟坐牢”方式主要用在一些获准假释的家庭暴力罪犯身上。按照规定，罪犯通常不得进入距离受害者500米的范围内。罪犯身上佩带的GPS手铐或脚铐能发射一种特殊频率的电磁波，而受害者本人也会佩戴一个电磁感应装置，电磁手铐或脚铐可以计算出两个装置之间的距离，一旦距离超过预设的警戒距离，则电磁感应器会立即向警方报警。这种虚拟的“坐

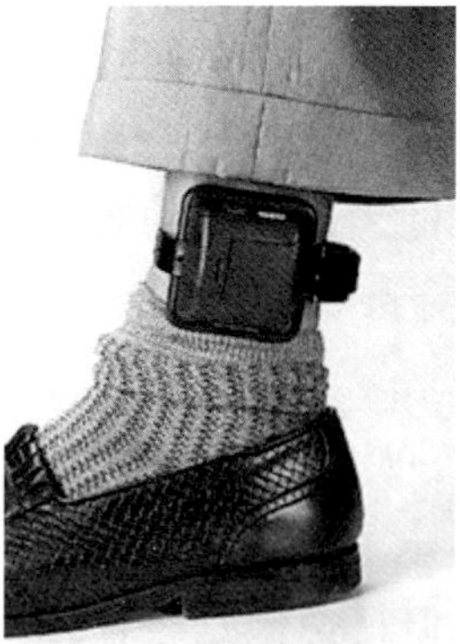

犯人戴上GPS脚铐后将时刻被警察监控

牢”方式可避免囚犯在假释期间去骚扰曾经的受害者，还能节省高昂的监狱开支。

“GPS监狱”，最早出现在比利时。几年前，比利时政府做出了一项大胆的决定——在未来的一段时间内将不再建造新的监狱。这并不是说比利时政府已经找到了解决犯罪问题的途径，也不是比利时的监狱已经建得过多了。事实上，比利时当时拥有的32座监狱，已经人满为患。比利时政府决定不再建造新监狱的原因，正是因为“GPS监狱”的出现。他们曾经试点通过GPS系统“虚拟监押”了25名犯人，在这试验过程中，只有一名犯人表现不好而被送回了大墙之内，其余24名犯人都顺利服满了刑期。于是比利时政府便打算在全国范围内推广“虚拟监狱”，来收押一些非暴力或其他犯罪程度较轻的罪犯。而杀人犯、性虐狂、大毒枭等特别危险的罪犯，不在此“虚拟监狱”的收押范围内。

戴上GPS手铐或脚铐的犯人，可以像普通人那样工作，他们的活动时间、路线其实都是“虚拟监狱”的监控系统事先预知的，他们必须知道，自己时刻处于执法机关的严密监控之下，不可越雷池半步。在工作时间内及上班路上的2小时里，囚犯的活动相对自由一些，但除此之外，他们必须“蹲”在家里闭门思过，没有娱乐活动时间。

比利时政府设立“虚拟监狱”的原因，除了希望减轻政府财政负担外，还希望这种方式能够消除犯人经过长期关押后对社会的排斥。经常会有一些被关押了几十年的罪犯出狱后因无法适应社会，便采取了自杀的消极方式来逃避现实。而“虚拟监狱”可以使囚犯们能够早日适应社会、融入社会，不会造成对抗心理。此外，GPS手铐的外观跟普通手表一样，也是希望不会引起别人对这些囚犯的歧视。在西班牙和美国的一些地方，安装有GPS定位系统的手铐或脚铐也已经被使用在囚犯身上。

或许你会有疑问，这种“GPS监狱”可靠吗？毕竟假释囚犯没人24小时监督，如果他私自摘下GPS手铐或脚铐不就能脱逃了吗？

你的担心是多余的，因为每一个GPS手铐或脚铐与监狱的监控系统都是关联的，囚犯一旦私自脱下手铐都会触动报警系统。当然偶尔也有漏网之鱼。比如在西班牙马德里就发生了一起“GPS越狱”事件，一名家庭暴力罪犯在假释出狱后擅自摘掉了“GPS脚铐”，恰巧此时监狱监控部门正遇上技术故障，没能及时发现囚犯的“GPS越狱”警报。而这名逃犯“越狱”不为别的，正是想去找前妻实施报复，结果这名罪犯在前妻家中杀死了一名女伴，此事引起了西班牙国内舆论对这种“GPS监狱”系统的质疑，认为即便不是因为当天监控系统出了故障，500米的警戒距离也不够出警时间，警方没有足够时间抵达第一现场。

后来，西班牙的一些大学科研人员对“GPS监狱”进行了改进，使警戒半径不小于3公里，并提高了电磁手铐的准确性；另外还设计了一套智能定位报警设备，充分利用公共场所和私人监控报警系统的作用，提高“GPS监狱”的工作效率。

目前，西班牙监狱系统已经采用了一种新型的“多重警卫定位脚铐”，这种采用远程信息传输技术的新型脚铐，将被用一些批准假释的家庭暴力罪犯身上。

虚拟技术“复活”消失的世界

神奇的虚拟现实技术不仅仅能虚拟现实，还能虚拟已经消失了的世界。

在古迹复原方面，虚拟技术将有很多的事情要做。比如复原已经消失了的古玛雅文明、恐龙世界、古罗马城、圆明园等，或再现历史中的大事件。可以想象，以后学历史将是一件很简单的事情：大家只需戴上立体眼镜、数据手套，就能穿越时空，回到过去几千年前甚至几亿年前的岁月里。这一天，已经离我们不远了。

不久前，日本举行了一个3D虚拟恐龙展，让人们感受到了虚拟现实技术匪夷所思的魅力。该恐龙展展出了将近260只古代

3D虚拟恐龙展

恐龙，人们可以通过3D眼镜在近于5米的近距离观察它们，感受到活灵活现的恐龙再现。不少人惊叹：我们这是回到了侏罗纪的恐龙时代了吗？

澳大利亚博物馆内近日也展出了一件杰作——用虚拟现实技术复原印度古城亨比。该古城废墟位于印度南部，是印度维查耶那加尔帝国最后的都城遗址，被联合国文教组织列为世界遗产。14世纪至16世纪，富有的印度王室建造了宏伟的胜利城、德拉威庙宇和富丽堂皇的宫殿。为了再现该古城面貌，科研人员用三维技术对这一文化遗产进行复原。如今人们只要戴上3D眼镜，手握控制器，就能穿越时空“亲临”那些真实得可以触碰的雄伟古庙了。

你会看见，印度神话中的人物坐在墙沿，一行行印度梵文从身边飘过，耳边还传来印度古音乐。此时虚拟世界和现实世界仿佛融为了一体。

同样令人惊叹的，还有由意大利、德国、英国和美国的考古学家、建筑学家、电脑专家等科研人员共同用数字技术，虚拟重建的1600多年前的罗马古城。

罗马有着“露天历史博物馆”的美誉，宫殿、神庙、斗兽场、雕像等都是这座“永恒之城”的历史见证。如今古罗马又在电脑中完美重现——借助先进的电脑技术，不仅能自己慢慢“穿过”罗马斗兽场的内部，还可以“飞起来”仔细观看古罗马凯旋门顶端的浅浮雕和碑铭，身临其境地感受古罗马帝国的辉煌。

这项名为“罗马重生”的工程，重现了公元320年康斯坦丁皇帝统治时期的罗马古城，其中包括斗兽场等大约7000座建筑。高科技模拟图还再现了城内30座建筑的内部情形，包括参议院、斗兽场和长方形大会堂，它们里面满是精美的壁画和装饰。专家们还根据考古学家的意见，恢复了一些后来遭到破坏和污损的雕像和纪念碑原貌，以及“高度精确”地恢复了一些几乎已完全毁坏的建筑，比如维纳斯罗马神庙、斗兽场附近的梅塔·苏丹斯喷泉等。

数字模拟的古罗马全貌

数字模拟的“罗马讲坛”

数字模拟的“议院广场”

数字模拟的“斗兽场”

在先进的电脑技术和虚拟现实技术的帮助下，当今的游客甚至能比古罗马人更多地感受到这座古城市的魅力。

我国也用虚拟现实技术“复活”了一座2500年前的古城——淹城。

淹城位于江苏常州，是我国目前保存下来的最古老最完整的春秋古城池建筑遗址。相传商朝末年，东夷奄君为躲避周王的攻打，带领部落南下，筑城挖壕固守数年，因四周都是护城河，好像淹在水里一样，故称淹城。

如今，在淹城博物馆，观众可以看到运用虚拟现实技术“复活”了的古淹城遗址原貌：古城池，古河堤，堤边的依依杨柳，护城河中的小舟……一切宛如真实的生活图景。

第四章

虚拟，影响现实

让警察头疼的“虚拟犯罪”

虚拟世界里，也不全是美好的。越来越多的“虚拟犯罪”，让世界各地的警察们大感头疼。

如果你还认为虚拟世界中的一切与己无关，那就错了。虚拟世界正成为现实生活的一部分。如今，在警察们的眼里，虚拟世界犯罪活动可谓日益猖獗，并威胁到了现实世界。虚拟世界里的罪恶魔爪，随时都可能会蔓延到现实世界中来。

我们先来看看一些发生在虚拟世界里的“大案”。2002年，3名香港少年玩网上角色扮演游戏时，涉嫌偷走其他人的武器；2005年，日本警方拘捕一名青年，指控他在一个虚拟生命游戏中，涉及一连串“抢劫”案，并在游戏内殴打其虚拟人物，掠夺他们的财物，然后变卖成为现实世界中的金钱；2007年5月，德国电视台揭发一个儿童色情集团利用虚拟游戏发布儿童色情影像，会员只要付出网上金钱，便可与虚拟角色进行性行为，虽然事件不涉及真人，但仍触犯德国的保护儿童条例，警方介入调查；2007年5月，澳大利亚广播公司在虚拟生活游戏里建立的一个小岛，怀疑被黑客炸毁，出现一个大洞，该公司要花数千美元进行修复，这是虚拟生活游戏出现以来的第一宗已知道的“恐怖袭击事故”……此外，一些涉嫌信用卡欺诈、非法赌博、洗黑钱及逃税等等虚拟犯罪，也是不胜枚举。

还有一些“虚拟犯罪”让人哭笑不得。比如有的玩家举报说，她在一个虚拟生活游戏里买地建屋，不久她发现她的隔壁邻居也建了一间屋，谁想到该邻居竟是利用屋子来开“妓院”，引来大批来历不明的虚拟人物，想与屋里的“少男少女”进行性交易，让她感到非常震惊和愤怒；2007年初，比利时有一名少女声称她在虚拟游戏中被一名虚拟色魔强奸了，多数传媒把该事件当做花边新闻，因为受害者只是虚拟角色，在现实中根本不存在，一切都是假的，然而比利时警方却郑重其事地展开调查，以了解当中是否确有犯罪行为——不过迄今为止，该“罪犯”仍然逍遥法外。

犯罪学家和执法人员认为，在虚拟世界内发生的犯罪活动，被揭发、举报和经传媒报道的，相信只占少数，只能反映问题的冰山一角。虽说虚拟世界里的每一桩“犯罪”活动都是虚拟的，但都是由真实世界里的人来操作，况且一些游戏的虚拟货币已经跟真实世界的货币能够兑换，“虚拟银行”失窃以及“虚拟人”被“强暴”或被“杀害”，与之对应的现实社会中都会有真正的受益人和受害者，都会牵扯到利益关系。然而虚拟世界又和现实世界不同，多数玩家都不是以真实姓名注册的，如何证明某个“虚拟人”就是现实中的某个人，又如何就“虚拟犯罪”的“犯罪事实”进行取证，“虚拟财产”的价值如何来界定，等等，困难重重。倘若没有直接指向的证据，即使可以进入起诉阶段，作案者也可能全部翻供。

我国武汉市洪山区公安分局曾抓获一个专门利用黑客程序盗卖他人游戏装备牟利的“网络小偷”，此人是公司技术员，可谓电脑“高手”，因对自己的薪酬不满，便到网上寻找财源，通过盗取他人网络游戏装备获利。在警方对他进行讯问时，这个“网络小偷”竟有恃无恐地说：“我已经查过现有的法律条文，没有一条适合我这个案子，你们不能把我怎么样。”

事实的确是这样的，我国目前还没有针对这类网络偷窃案件的法律规定。后来只好根据国务院发布的计算机信息系统安全保护条例中的有关规定，以故意输入计算机病毒以及其他有害数据危害计算机信息系统安全为由，没收了这名“网络小偷”非法所得并处以一倍罚款。

澳大利亚最近也出现了一起虚拟币盗窃案。“星战前夜”是一款人气颇高的网络虚拟生活游戏，全球有超过30万名玩家每月向其支付15美元服务费，然后享受其提供的虚拟“社区生活”。游戏的背景设定在遥远的未来，人类在其他星球殖民，玩家则通过在游戏中打工、炒股、屠杀对手来赚取财富。和现实生活中一样，游戏中也设有虚拟银行。最近，该虚拟银行的CEO理查监守自盗，从银行里转移出2000亿虚拟货币用来换取真实钱财，最终获利5100美元。理查在现实生活中是一个已婚、有两个孩子的澳大利亚技术人员，他在现实生活中欠债累累，为了支付房屋定金和给孩子治病的费用，便想出了从网络虚拟银行中“套现”来偿还的办法，以为凭借自己的小聪明能顺利过关，不想却阴沟里翻了船。

犯罪学家相信，一个人在虚拟世界内所作出的行径，在一定程度上反映他们的心理状态。如果多加留意虚拟世界内的事，对执法部门在现实世界中调查此类案件，大有帮助。

而著名的虚拟生活游戏“第二人生”，也遭到FBI（美国联邦调查局）介入调查游戏中的虚拟赌博现象。该游戏中的大多数赌场提供老虎机、扑克等服务，平均每月的盈利达到1500美元。考虑到“第二人生”中的虚拟货币可以直接转换成真实美元，其虚拟赌场在某种意义上十分相似于网络赌场，而游戏中对赌场进行了3D建模，真实再现了赌场形象，引起了执法部门的注意。甚至有报道称恐怖分子正在利用“第二人生”进行人员招募和培训等非法行为，这可就不只是虚拟世界里的事情了，而是威胁到现实社会安全的重大问题。

目前，大多数国家都没有一套完善的法例，来监管虚拟世界上的会员行为，顶多只是受游戏网站的会员守则约束。然而虚拟世界与现实世界的关系越来越密切，而且在政治、外交和商业等领域扮演日益重要的角色，因此在虚拟世界内发生的犯罪活动，越来越对现实世界造成影响。尽管虚拟世界中的犯罪危害远低于真实的违法行为，比如虚拟强奸可能是不道德的，却不是犯罪，不过大多专家却警告说，虚拟世界内每一个角色，现实社会中都会有一个真人与之对应，这人在虚拟世界内所犯罪行，或多或少反映出他在现实世界中的想法和行为。另外，网络世界里还有一种特有“恶意破坏”的反社会现象，某些虚拟化身以蓄意破坏其他用户的经历来取乐。比如黑客的恶意入侵、篡改或破坏其他用户的数据，损坏别人的虚拟财产的外观以及进行种族歧视活动等，也是常见的“虚拟犯罪”之一，造成的影响也极其恶劣。

那些一心以为躲进美好虚幻的世界中就可以避开现实世界的烦恼和丑恶的人们，没想到虚幻的世界里同样也存在着现实中的烦恼和丑恶，甚至更为露骨与恶心。

看来，要制止“虚拟犯罪”的发生，需要从两个方面来努力。一方面，必须制订相关法例，来加强监管虚拟世界人物的一举一动，防止虚拟人物进行犯罪勾当；另一方面，在道德层面上，虚拟游戏网站应积极引导虚拟社区建立一个良好的道德舆论环境，引导虚拟公民进行自我治理，使虚拟公民们有权对不法行为或违背道德的事采取相应行动。

否则当人们费尽心力创造出一个虚拟世界之后，最终却发现人类社会恰恰会被自己的创造所毁灭。

“虚拟物品”，是不是财产？

虚拟世界里的物品，究竟算不算是“财产”？其价值如何来界定？

这是一个让人感到为难的问题。“虚拟物品”是什么？是玩家在网络游戏中的道具，是玩家在游戏中获得的，但大家都知道，那只不过是网络游戏服务器端的一个数据——仅由0和1按照一定规律排列而成的数据而已。这样的东西，比如说一件网络游戏装备，在游戏玩家看来可能值好几千元，但在玩家之外的人看来可能就一文不值。这些私有的“虚拟物品”如果在游戏中丢失或被盗了，找公安局报案，公安人员也会一脸的无奈：要是丢个钱包、手机什么的，可能能给你找回来；但要说丢这些看不见、摸不着的东西，到哪里去给你找？

2003年，就曾出现过一个北京的玩家，因为丢了一件“生化武器”而向法庭起诉游戏公司的事。该玩家曾在过去的两年时间里，花费了几千个小时的精力和上万元的现金，在某个网络游戏里积累和购买了各种虚拟的“生化武器”几十种，这些装备使他一度在虚拟世界里所向披靡。但突然有一天，他库里的所有武器装备都不翼而飞了。该玩家以游戏公司侵犯了其私人财产为由把游戏公司告上了法庭。在庭审中，丢失的这些虚拟的东西到底算不算财产，成为双方争执的焦点，而判决结果也让双方感到不甚满意。

该案也引发了我国司法界的大争论。在当时，我国的法律中只对公民的合法收入、储蓄、房屋和其他合法财产予以认可，并没有对虚拟财产的合法性作出明确规定。而在《消费者权益保护法》中，网民对虚拟数据、虚拟财产的权利不属于现有的消费者权利中的任何一项，这就使得虚拟财产的权利主张陷入了一种无法可依的尴尬之中。一些专家认为，网络虚拟财产不过是存储在网络服务器中的各种数据和资料，而且完全是无形的。即使在游戏中有很巨大的"财产"、"绝世宝物"，也只是一种小范围内的个人成就感，对于整个社会来说，这些都是虚假的、不存在的。而对这些"不存在"的东西进行法律保护，简直就是一件十分可笑的事。

但也有一些专家认为，虚拟财产是玩家在游戏中付出时间和金钱积累而来的，它既然可以交易，那也就是说它既有市场价值，又有交换价值，这种属性就可以断定其具有财产性质，属于无形资产，因此应当受到法律保护。

在网络游戏产业相对成熟的韩国，对于"虚拟财产"已经有明确的法律条文规定：网络游戏中的虚拟角色和虚拟物品独立于服务商而具有财产价值，服务商只是为玩家的这些私有财产提供一个存放的场所。中国台湾也对网络中的"虚拟财产"作出了规定：网络游戏中的虚拟财物和账户都属存在于服务器的"电磁记录"，在诈骗罪及盗窃罪中均可看做"动产"，被视为私人财产的一部分。在网络游戏中窃取他人虚拟财物将被视为犯罪，最高可处3年以下有期徒刑。

而在美国或西方其他国家，虚拟游戏中的玩家们对自己所创造出来的财产，均享有绝对的权利，他们的所得也被视为合法的，虽然这些东西都是数字内容，但是一些游戏中所创造出来的虚拟角色形象、服饰、著作以及设计理念等，不管是在虚拟世界里还是在现实世界中都享有知识产权，都会得到承认。

然而，游戏玩家如此看重的“虚拟财产”，在网络游戏公司内部的技术人员来看，也许不过是网络游戏服务器端由0和1按照一定规律排列而成的数据，这些数据是如此简单，只要他们想做，他们可以任意处理这些数据。也就是说，也许一个服务器里仅有一个某种装备，而这种装备有玩家愿意以几千元甚至几万元的高价去购买，但如果技术人员存心作弊，他完全可以再凭空造出这样一个“价值”几千几万元的数据，甚至可以造出更强的数据。而且，这些“虚拟财产”的命运，可以说完全掌握在网络游戏公司的手里，他们只需在服务器里进行改动，就可以左右整个虚拟世界。也就是说，网络游戏开发（运营）商完全可以“宏观调控”整个游戏虚拟物品市场。这样的“宏观调控”是如此可怕，因为里面可能涉及相当大数额的交易量，而且只能靠开发（运营）商的自律来保证网络游戏的公平和公正，这种完全依靠自律的做法都是危险的。

2009年7月，我国对于“虚拟货币”终于出台了新规定，有了正式的管辖定义和手段。自此在虚拟网络世界的一切金融行为，也不再是“三不管”的真空地带。在文化部、商务部发布的针对“虚拟货币”的新规中，网络虚拟货币的财产属性基本得到了肯定，而这一定义，将直接产生法律层面的重大意义——虚拟货币盗窃将被定罪，以“盗窃罪”论处。该新规定还将严厉打击利用网游虚拟货币从事赌博的行为，一切利用抽签、押宝、随机抽取等博彩方式来分配网游道具或虚拟货币的行为，将被禁止。

虽说此次新规只限于网游的“虚拟货币”，游戏道具、账号等其他“虚拟财产”尚不包括在内，但这已是我国有关部门对“虚拟物品”实施管理迈出了重要的第一步。而对于其他“虚拟财产”新规定的出台，相信也不会太远了。

虚拟世界中的“虚拟货币”在我国得到了法律的保护，使得虚拟与现实的相互融合又迈进了一步。今后，“虚拟货币”也一样能在现实中买到东西，成为虚拟与现实世界“通吃”的硬通货。在虚拟网络世界的一切金融行为，将会更多影响到我们的现实世界。

数字时代的“虚拟教育”

1996年10月，伊利诺伊州大学芝加哥分校的电子可视化实验室提出了“远程沉浸”这个概念。它建立在高速网络基础上，是协同虚拟环境、音频、视频会议以及超级计算机及海量数据存储的有机融合。“远程沉浸”可以使分布在世界各地的使用者能够在相同的虚拟空间里面协同学习、工作，就像是在同一个房间一样，甚至可以将虚拟环境扩展到全球范围内，创造出“比亲自到那儿还要好”的虚拟环境。

“远程沉浸”将“人/机交互”模式，扩展成为“人/机/人协作”模式，不仅提供协同环境，还将对数据库的实时访问、数据挖掘、高性能计算等集成进来，为教育、培训、科研等提供了一种崭新的协同研究模式。

将“远程沉浸”具体化的，是一种名叫CAVE自动虚拟环境的虚拟现实设备。它是一个小房间，其四面和顶上使用高清晰背投产生一个360度的三维立体环境。在该场景中有一个虚拟角色，它将代表真实的人在三维空间活动。人置身其中，头戴一副LCD快门眼镜，两臂绑有电磁跟踪系统，再配以三维环境声音，虚拟角色的位置、方向以及举手投足都与真人相同，会让人产生非常逼真的临场感。

这种具有远程沉浸特征的虚拟现实技术，其主要特征是：

首先，它能够依据科学计算结果和数据库构造虚拟环境，当参加者沉浸在虚拟环境中时，他们不仅能够看见对方，还能用做手势或说话进行交互，当他们离开时，虚拟环境本身可以随着科学计算和数据的变化仍然存在并继续演化。

其次，在虚拟环境中以角色为代表，这个虚拟角色比人在真实环境中的能力要强得多：它能够站在分子链可视化图像的某个环节前进行讨论，也能钻进设计好的汽车模型里，体验汽车是否舒适，还能站在云层的顶端，观察风暴的形成。它既可以让自身像星系一样大，以便纵览宇宙风云；也可以让自己像虫子一样小，以便钻进一个做跌落试验的物品中，并与物品一起跌落，找到防止物品在跌落过程中损坏的办法。

此外，人与虚拟环境是交互的，可以通过改变超级计算参数等手段，动态改变虚拟环境的形成方式。

这种虚拟现实技术应用到教育上，是非常好的。电子可视化实验室曾和交互计算环境实验室合作推出的一种叙事式沉浸性质的协同学习环境NICE，它是专为6至10岁孩子设计的。孩子们进入CAVE虚拟现实环境中后，戴着特制的眼镜，手中拿着一个特制的小棒用于交互操作，每一个孩子都有一个角色，来自不同地方的孩子可以在这个虚拟的花园中打招呼、交谈，互相学习。他们既可以将鲜花或蔬菜拿在手上观察，也可以将自己缩小，“深入”观察植物的根系；他们既可以除去杂草并将它扔到肥料堆，又可以顺手摘下天边飘过的雨云给花儿浇灌，或者将天边的太阳拉过来让花朵享受阳光，等等。除此之外，这些植物本身也会有一些反馈信息，例如当给花儿浇水太多时，花儿会撑起一把小伞，让孩子们得到一个直接的反馈——过多浇水会让花儿受不了。

这种叙事式沉浸性质的协同学习环境既有趣，又有益，孩子们不仅非常喜欢在里边玩耍，还能够很轻松很直观地学到很多大自然的知识。

数字时代的教育，将越来越让人们不可思议。“教室”这个概念将有可能会改变，它已不仅仅是一间有着桌椅板凳、黑板的传统教室了，而将是一个通过虚拟现实技术打造的虚拟环境。学生们通过CAVE虚拟现实环境技术，在老师的引导和讲解下，直接“钻”到历史、生物、地理、文学等各种知识的画面当中，身临其境地学习各种知识和文化，这是多么有趣、快乐的学习过程！虚拟现实技术，将使我们的教育发生天翻地覆的变化。

现在，在一些日常的培训中，虚拟现实技术也正发挥着越来越重要的作用。传统的培训需要现实的环境、现实的设备和现实的操作，特点是效率低、成本高、风险大；而伴随着计算机技术出现的虚拟技术，将人们从传统的训练中解放出来，使人们告别了耗时费力又有风险的一些训练，用模拟培训代替实际情形，用安全的环境（比如室内）代替不安全的环境（比如室外），用虚拟的危险代替实际的危险，给人们带来极大的方便。

虚拟现实技术，还给军事训练带来了极大的方便。我们知道，传统的军事训练要消耗大量的军用物资、发射大量的弹药，这不只是消耗许多资金，还带来许多危险；将虚拟现实技术引入到军事训练中，可以降低消耗，具有效益高、形象化的优势，因而已被广泛用于汽车、舰艇、坦克、飞机等移动设备的驾驶训练。

在军队的高新武器训练中，虚拟现实训练能够避免使用造价昂贵的高新武器。传统的训练中，不可能经常组织实施实弹演练，虚拟现实训练中，随着仿真模拟技术的提高，模拟器材的运用既能使部队训练紧贴战场，又能逼真营造战场环境，达到好的训练检验效果，极大地提高部队战斗力。

在过去，训练火箭兵不可能天天发射导弹，而现在天天“发射导弹”已不再是梦想，因为坐在电脑旁就可以操作模拟发射系统，装备转场、导弹起竖、测试检查、点火发射整个作战流程形象逼真，模拟训练器材中预设的各种突发情况层出不穷，训练的军人必须过关斩将，真抓实练。发射训练周期大为缩短，而部队战斗力提高速度却明显加快。另外，利用“导弹发射模拟系统”培训的主号手在数量和质量上也有了很大提高，改变了主要操作号手长期短缺的局面；战场环境模拟仿真器材在磨炼官兵意志、提高官兵心理承受能力方面也发挥了很好的作用。

而学习飞行驾驶也可以先在虚拟舱中进行。虚拟环境可以模拟各种复杂气象条件，学员们坐在直升机模拟舱里，前方的屏幕里阴云密布，耳边风声、雨声和直升机轰鸣声交织在一起，他们则驾驶直升机忽然跃起，或忽然俯冲，一切都是那么逼真、惊险。这样的训练，使得他们在室内就可以完成所有飞行课目训练。这种虚拟训练的优势在于安全、节约，既避免了许多实际的风险，又节约了很多实际培训飞行员的时间、机械耗能。以往实装飞行10多个小时才能熟悉的课目，现在只需三四个起落就可掌握。

在虚拟训练中，还能设置近百种特殊情况，培养学员随机应变的能力、快速反应能力，打造他们过硬的心理素质，而又没有什么危险。

虚拟飞行不仅仅用于军事训练、航空人员训练，还能用于普通老百姓的体验。自由自在地在空中飞翔，这个大多数人不可能真正实现的梦想，现在也能够感受一把了。能够实现模拟飞行的飞行器有很多，使人们有不同程度参与的模拟器都已被相关厂商生产出来，满足人们不同的需求。

模拟飞行器包括驾驶室、仪表盘和巨大的投影屏幕，显示效果尤为逼真，人们坐在其中，就可以享受飞行中的惊险、刺激了。随着虚拟技术的发展，人们可以根据需要制作更加多样化的投影场景和音响效果，改进自己模拟飞行的感受。

总之虚拟现实技术为教师、学生提供了一个无危险性、成本低的方式，以及与真实世界的更好交互。我们将越来越感受到虚拟现实技术给教育、培训带来的各种乐趣和便利。

向“虚拟人体”开刀

虚拟现实技术在医学研究、治疗和教学方面，也显示了独特而重要的作用。

虚拟现实技术用在医学教育领域中，也被称为“虚拟手术”。实际的手术包括手术前的准备工作、手术中的精确操作、手术后的康复阶段，而虚拟手术就是采用以计算机技术为主的虚拟技术来实现手术的相关过程。对手术系统操作者来说，利用虚拟现实技术，可以在实际手术操作前，直观地观察模拟人体模型，通过虚拟仿真三维软件技术建立的人体结构模型，可以使学生通过人机交互对人体模型进行浏览，在模型内部的“漫游”可以让学生非常直观轻松地学习人体解剖结构，完全改变了过去那种单调乏味的学习过程，变抽象的内容为具体化、形象化的内容。

英国发明了一台新式的虚拟手术装置，其外形像一个塑料人体臀部，通过乙状结肠镜模拟器来进行模拟结肠癌手术。模拟器的探头与计算机相连，计算机可根据事先安排预设在结肠某处患有肿瘤，要求医生用此模拟器找到肿瘤，并用内窥镜手术技术将其切除，其手术过程完全和实际手术相似。

这种虚拟手术装置，还可以通过事先在计算机中安排不同部位、不同状况的各种肿瘤，要求医生切除。虽然这台模拟器无法代替真实病人，但通过事先训练，无疑能使医生提高手术技巧，使其在今后手术中运用自如。

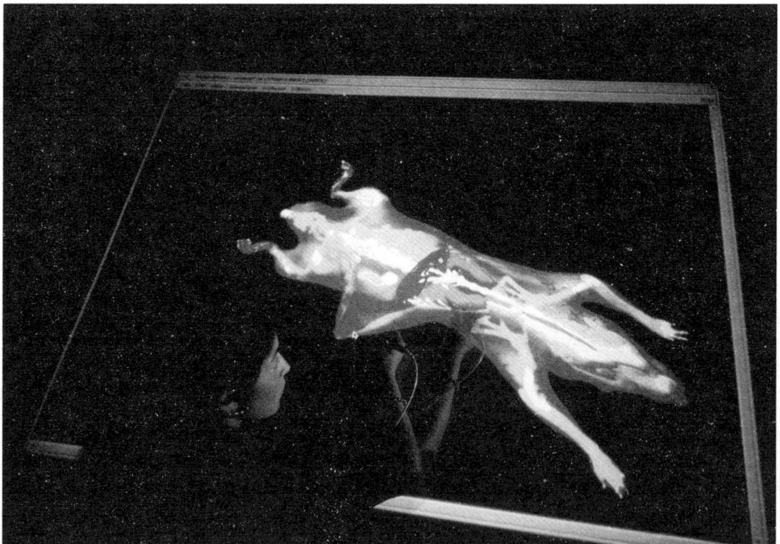

虚拟手术装置给医学研究、训练带来了极大的便利

美国科学家也发明了一种“虚拟手套”，可用来帮助医学院的学生进行诊断腹腔疾病的训练。虚拟手套的操作很简单，医生只需在食指上戴上一个钉套大小的套以连接感应器，然后便检查病人的腹腔。而他所施以的力度、压力和一切感觉，都会记录在感应器内。检查完毕后，可以利用电脑将有关纪录结合病人的数码立体影像，建立患者身体的三维模型。其他人只需戴上另一个仪器轻触屏幕，就能够感受到该医生双手在病人腹腔上作腹部触诊的一切感觉。

利用该仪器，医学院的学生们可以亲身感受到一些比较罕见的肿瘤或其他病症，而不必像以往一样只靠抽象的文字。此外，虚拟手套还能够协助一些小型医院的医生诊病。当医生发现某些病症怀疑是肿瘤，但苦于缺乏专科医生诊断时，便可将资料上传到互联网里，向其他医生寻求帮助。

美国医学研究小组的科研人员利用一具捐赠的死囚尸体，对尸体的各个部分进行电子影像和数字化处理后，由电脑重新组合成立体电子模型——一具透明的“虚拟人体”。教师用这具“虚拟人体”向学生讲解人体结构，学生以它为标本做人体解剖实验，医学科研人员研究人体生理机能，外科医生用它实习开刀，真是方便之极。

通过“虚拟人体”，医学人员还能够对某个细小的结构进行放大、显微来观察人体的结构，也可因对解剖过程前面某个细节没看清楚而倒回去看，甚至可以“钻”到其内脏器官内部去看。医学人员还可以通过“虚拟人体”来学习细胞分裂增殖等复杂的生命活动，配合高倍显微镜拍摄的图像，完整地观察细胞的生长增值过程。并且“虚拟人体”可以反复使用，永远不会被破坏。

德国一家公司也研制出模拟人造器官运作的计算机软件，

称为“虚拟器官”。这套软件已应用到人造髋关节移植的手术中，根据病人不同的体重和身体强壮程度，该软件能模拟出人造关节在静态和动态条件下的负荷，还能够模拟人造关节材料的老化过程，从而预测所移植人造关节的寿命。

我们知道，人造髋关节有100多种型号，而依靠“虚拟器官”，医生就能针对病人情况来选用不同的类型。现在该公司还在研制“虚拟心脏瓣膜”和“虚拟肾脏”，以用于医学研究当中。

利用“虚拟人体”，还可以进行很多学习和研究。比如在学习诊断学时，用听诊器听心脏的心音是个难点，利用虚拟模型，学员通过VR系统，在虚拟的病人身上，能够直接看到心脏内部的结构，将心音的录音与心脏实际的工作过程相关联，使学员可以以三维的方式，从各个角度，观看心瓣膜工作状态与心音产生的关系，这种学习的直观程度，就是在真实病人的身上，加上彩色超声波也很难达到。

除了人体模型外，科研人员还建立了许多的“虚拟动物体”，以前需要实验动物和标本才能完成的一些实验，现在通过虚拟的方式可以完成，并获得经验，这也极大地减少了因为失误造成的实验动物和标本的浪费。

栩栩如生的“虚拟产品”展示

当今世界工业已经发生了巨大的变化，先进科学技术的应用显现出巨大的威力，特别是虚拟现实技术的应用正对工业进行着一场前所未有的革命。

如今，虚拟现实已经被世界上一些大型企业广泛应用到工业的各个环节，对企业提高开发效率，加强数据采集、分析、处理能力，减少决策失误，降低企业风险起到了重要的作用。虚拟现实技术的引入，使得工业设计的手段和思想发生质的飞跃，轻而易举将此前许多只能停留于想法的优秀互动仿真创意方案完美地呈现于眼前。厂家在设计任何产品时，都希望能够看到产品做出来之后的情形，这种希望虽然无可厚非，但在传统的设计中是不可能实现的。而工业虚拟仿真技术能够根据设计指标生成实际产品的图像，除了方便观察者从不同角度观察，还辅助以令人眼花缭乱的光线和优美的音乐，达到极佳的听觉、视觉效果。同时，虚拟产品还可以尽可能地反应产品最终的功能。

产品虚拟是一项新技术，不用占用场地、不用纸张，不受产品体积大小、场地限制，仅用电脑屏幕即可。比如对音乐播放器mp3产品的虚拟，不但可以呈现产品的不同角度，连金属对光的反射和散射不同也真实呈现出来，令产品表现得五光十色，栩栩如生。轻松的旋律，优美的造型，观看者自然产生出了强烈的视听欲望，而同时，上面的开关和遥控设置都可以互动操作，充分诠释了产品功能和设计理念。

工业虚拟现实技术用于汽车虚拟选型，并建立网上辅助销售平台，是很好的工业产品的展示和推广的手段。比如汽车的三维虚拟互动展示，它可以实现网上看车的愿望，真实逼真的三维汽车在购车者手中自由转动，可实现开车门，车灯，前后顶盖，体现在汽车内部的驾乘体验，并可根据消费者的喜好选择不同的配件，更换车的颜色，局部外观等。

在建筑工地或者地铁等施工过程中，领导需要了解施工流程和进度，施工操作培训、辅助管理、进度控制，也需要直观、方便的施工整套工艺流程模拟仿真。一般说来，这样的仿真包括外围环境和内部施工环境，能够真实反映施工中各种工艺和施工细节。数据库里还配置有大量的音视频演示材料。

此外，利用数据手套、立体头盔、操作杆、方向盘等外设，是常用工业虚拟现实辅助外设。用户用这些设备能够实现虚拟装配。通过装配过程，客户可以直观感受装配的各种体验。节约了培训成本，提高了动手能力。因此工业虚拟现实技术可用于操作培训、生物医学仿真、模拟驾驶、装配维修、虚拟教学、互动产品演示等众多领域。

利用虚拟现实技术进行产品展示，没有时间和空间限制，人们只需点击鼠标，就能充分了解通过基于三维模型或数字建模的产品虚拟表现，将产品的任意角度的形状和结构展现出来，并可以根据人们的意图互动演示产品的功能，选择不同的材质，颜色等，因而在产品推广等方面被广泛应用。

另外，一些小产品三维互动展示，比如手机、照相机等电子产品，购买者可以通过网站任意观看产品的任意角度，测试产品的每一个开关及显示效果，更换产品的颜色和材质等。

在“虚拟农场”里学种菜

“虚拟农场”热起来，不过是这一两年来的事。自从开心网、校内网、校友网等推出了“开心农场”等虚拟游戏以来，网络虚拟世界里似乎遍地是“农场”，城市白领阶层一窝蜂跑到网上去“种菜”，争相体验着农家田园生活。然而，这些娱乐性质大过科技知识的虚拟游戏网站，大多打着“种菜”的旗号，却是把人们导向“偷菜”的深渊，使得很多人一天到晚像个贼似的围着朋友家的农场转，看看农作物熟了没有？能收割了没有？牲畜下崽了没有？一旦可以收获，赶紧“偷”来卖掉。另外，还得经常查看自家的农场，该收获的就赶紧收，否则自己花了几十个小时辛辛苦苦种出来的菜、养出来的牲畜，一不小心就被时刻窥视在旁边的“朋友”偷了个精光。

如此沉迷一段时间之后，你会感觉这些所谓的“虚拟农场”除了让自己的神经变得高度紧张、减少睡眠、消耗太多的时间和精力之外，实在是没有多大的收获。你学会种什么菜了？你对养猪增加了多少经验？回想起来似乎是一点知识也没有学到。反倒是看着谁都像是个“偷菜”的贼。

真正的“虚拟农场”，不应该是这样的，应该是能让你在网上学会种菜、养殖。这才是用虚拟现实技术模拟农作物生长的初衷：虚拟各种真实的种植、养殖，让人们得以了解农作物从萌出、抽芽、生长、开花、结果的全过程，鸡鸭鹅马牛羊的成长历程，真正体验到栽培、养殖的乐趣，感受到真正的农家生活。人们从其中，可以学到一些科普知识，尤其是农民朋友，可以通过计算机对植物的生长和构造进行三维模拟，学习作物的栽培方式，搞懂水果的味道是怎样依生长位置而异的，并探寻既能对付害虫又不危害环境的办法。

真正让人学种菜的“虚拟农场”，有没有呢？答案是肯定的，中国农业大学中国数字科学馆网站所推出的三维视角“虚拟农场”，就是这样一种让人们在玩的过程中学习相关种植和养殖知识的综合体验游戏。

登录该“虚拟农场”后，体验者首先要学习一些有关种养殖、农产品加工、农机使用等方面的知识，比如每种作物的详细简介、如何整地播种、田间管理甚至贮藏的知识。然后进入游戏，依据选择的作物和牲畜品种。“虚拟农场”提供了玉米、小麦、葡萄、大豆、樱桃等几种作物的种子供你选择。此后你就可以走到农田区，体验种植和养殖过程及农产品的加工等一系列农业生产活动了。

在游戏中，你会遇到一些你不能控制的人物，他们主要是用来给你做提示的。你可以跟他们交流、对话，其中会有很多有意思的科普小知识。你要注意的是，农业生产与天气状况息息相关，游戏里也有天气变化，雨天会适量地为农田补充作物生长所需要的水分，你可以通过灌溉操作进行对作物获水量的调节。最后你辛苦生产所得到的农产品，可以拿到“交易会”去卖，获得劳动报酬。在这里，你的确是能学到一些种菜的知识的。

真正意义上的“虚拟农场”

在类似具有学习和娱乐功能的“虚拟农场”中，你才会体验到“一分耕耘，一分收获”的真谛。只要你勤耕，勤收，慢慢就能种些高经济作物。在有的“虚拟农场”游戏里，你还能够慢慢多买些土地扩大农场，甚至买磨坊、篱笆、稻仓、风车、农舍，看着自己农场规模逐渐成形。无论你在现实世界里是多么的忙碌烦恼，只要回到这片属于你的网上虚拟天地，看着一片绿油油的农场，整个心情顿时就会沉浸在自己设计的“农家乐”里。点点鼠标，让羊羔们和奶牛们吃草；再点点鼠标，给门前的玫瑰花浇浇水，这是一种多么惬意的心境。

电脑模拟农作物生长技术的前景是深远的，将来农业科学家还可以在屏幕上设计作物，然后再培育或用基因工程技术繁殖出真实的作物，这种作物能与具有最理想性状的“虚拟作物”相媲美。比如计算机虚拟显示出某种作物较大的叶片会使产出的果实较甜，害虫的藏身处较少，科学家就会找出能使叶片较大的基因，并将它们转移到作物中。“虚拟作物”还有助于改善园艺方法，它们能显示修剪作物以便结出具有某一特定风味果实的最佳办法。

新西兰霍特研究所的一个研究小组曾利用仿真的方法，将猕猴桃一年的生长期缩短到少于一分钟的时间，对猕猴桃生长的观察也放在了电脑屏幕上。根据相关知识，人们知道，树叶是果实中糖分的主要来源，果实的甜度与它距离叶片的远近有关，但是要搞清楚甜度与叶片距离远近的具体关系，还得进行一系列的研究，新西兰的研究小组就在进行这样的工作。在电脑上的虚拟画面中，藤蔓上猕猴桃慢慢转为不同深浅度的红色，在最厚的天篷下面，苗木内部显示出最红的颜色，这表示最甜的猕猴桃，研究小组还将计算出叶片上一定比例的面积被虫咬过后，它向果实输送的糖量会受到怎样的影响。该系统也被称为虚拟猕猴桃树。研究人员正在试图通过改变农作物形状或叶子形状的办法，达到消灭害虫藏身处或觅食途径来减少害虫侵袭，创造出有利于人类及环境的虚拟作物，然后据此寻找相应基因，把基因转移到真实的农作物中去。采用这种方式来产生新的作物，能得到较为理想品质的果实。

如今在我国，虚拟现实技术已被应用在一些与国计民生有重要意义的项目中。比如以水稻、玉米、小麦、大豆、棉花等主要农作物的高产、稳产、品质、品种为目的“虚拟生长”；以提高猪、牛、羊、鸡、鱼等主要肉类产品的品质、产量为目的的新品种虚拟研究；以提高设施农业利用效率、提高资源综合利用效率为目的的虚拟研究，以及以农产品市场为对象的虚拟研究等。虽然不同的农业对象有不同的虚拟要求，但对农业资源环境数据库的要求是一致的，因此虚拟农业的发展要求科学数据库能提供相应的数据。只是这些科学上的探索，则是农业科学家们的事了。

无论怎么说，“虚拟农场”比起那些机关枪扫射的游戏，要健康多了。给都市人一块虚拟地，他们就会为自己设计一处心目中的绿色憧憬，无论工作多忙，事情多繁琐，白天多疲累，晚上回到家，静静的时刻，把情绪转移到这片虚拟角落里待上一会儿，让心情放松放松。

我们需要“虚拟人生”吗?

你在现实的世界多一些，还是在虚拟的世界多一些？这个问题你也许会觉得好笑。但是不久之后，也许对于这样的问题你就笑不出来了，因为这一现实即将来临。

曾经有人在网上发起一个投票“你有网络依赖症吗”，结果显示，“平时交流靠手机、QQ、MSN等工具”占92%；“有3天不能上网就觉得世界末日来了，怎么办啊”占60%；“家里突然断网了，会觉得手足无措，心情非常烦躁，浑身难受”占58%；“很少上网”仅占30%。且有不少人自称患有不同程度的网络依赖症，比较严重的会电脑随身带着，有网就上，每天至少12小时以上。

还有一份调查“上班时间，你想要和隔你10米远的同事商量问题，你会怎么做”，结果显示，50%的人选择“通过QQ或者MSN聊天沟通”；30%的人选择“打分机电话、短信沟通”；选择“当面商量”的，仅为14%。

俄罗斯也曾做过一个网上调查“您的生活中可以没有网络吗”，调查显示，44%的俄罗斯互联网用户回答“生活中不能没有网络”，并表示，即使没有足够的钱用来购买衣服和食物，也不能没有互联网；25%的互联网用户表示在缺少资金来源的情况下，准备放弃网络；9%的用户表示在有其他娱乐的情况下，可以不使用网络；3%的用户则表示，为了购买服装，会减少上网资费。

调查还显示，69%的俄罗斯用户表示在互联网上获取信息，并把这些信息应运用到自己的工作中；7%的用户表示将网络作为一种赚钱的工具，通过网络赚钱；16%的用户认为在网上购物比去商场方便，而且可以减少不必要的花费；52%的用户认为在网上可以在任何时间，根据自己的喜好下载音乐、电影和其他软件；还有30%的用户认为，漫游于网络，远离现实，身心放松，是金融危机中最经济的休闲方式。

虚拟世界里最吸引人的是一些“虚拟人生”的游戏可以让你去扮演一个或无数个与现实生活中的你迥然不同的角色。

比如你现实社会中是个数学老师，但是你骨子里想当个诗人，那么你可以在“虚拟人生”里成为李白、杜甫、白居易。如果你现实生活中是个机械工，但是心里整天想的都是如何治国，那么你可以在“虚拟人生”中去竞选国家元首。

如果你想在股市中去体验一把，但又害怕自己脆弱的心脏承担不了风险而一命呜呼，你可以大胆放肆的到“虚拟股市”中去感受一把，并且完全可以做出一副“风萧萧兮易水寒，壮士一去兮不复还”的豪迈状。

如果你因为错过了几年前的炒房狂潮而心有不甘，你也可以在虚拟世界中去大胆圈地盖房，感受一番房地产大亨看着钞票像浪潮一样涌来的感觉。你可以在“虚拟人生”里开一个影视公司，然后大张旗鼓地在虚拟世界中举行各种选秀活动招募演员，拍出一部气宇不凡的年度巨献来在网上展播。

如果你不满足于自己是个种地的，想要当个李嘉诚、巴菲特、比尔·盖茨那样的大富翁，你可以在“虚拟人生”里去开个公司，再做大做强，最后在虚拟的纳斯达克上市，体验那种一掷千金、坐拥金银财宝的感觉。

也许你会因为在虚拟世界里播放自己的一个视频而一夜之间红遍网络世界，然后很多星探找到你，包装你，打磨你，最后摇身一变成了现实生活中的大明星；当然你也可能会因为在虚拟世界里做了一些罪恶的勾当，以致某天警察找上门来，使你瞬间成了一个现实中的阶下囚，从此戴着冰冷的手铐在“悔恨的泪”中消磨你的时间。

虚拟与现实，就这样交互着影响你的生活。但是，我们真的需要“虚拟人生”吗？

也许比我们更需要“虚拟人生”的，是心理学家、人类学家甚至流行病学家等这样的研究人员。因为在他们看来，任何一个虚拟世界都是他们能够期望得到的人类互动模拟的地方，是他们做研究的最好不过的“模型”。而在“虚拟人生”的世界中，每个虚拟替身的背后，都是一个血肉之躯。

已经有人觉得，“虚拟人生”体验就像是一阵浪潮，等新鲜劲过去之后，人们就又恢复了平常心，不再对“虚拟人生”感冒了。而且在虚拟游戏里，虽说交上了一大堆朋友，但是大家只是通过一种游戏匆匆沟通几句，怎么也比不上面对面交流那么深入。玩的时间越久，反而会觉得越空虚。

另外，一个不得不重视的现实是，网络依赖症，在一些互联网比较发达的国家已成为日益严重的社会问题。根据美国网络依赖症研究中心的统计，在1.9亿美国网民当中，有6%到10%表现出不同程度的网络依赖症状；在欧洲的西班牙，网络依赖者占网民总数的10%还多。

心理学家认为，网络依赖症是一种心理疾病，其危险性不低于酗酒和吸毒。网络依赖症不仅给患者本人的生活和工作带来负面影响，同时也会干扰他们家人的情绪，使他们感到孤独和压抑。

比如在阿根廷，不少女性正在和虚拟世界展开一场痛苦的“争夺战”。她们戏谑而又有些感伤地称呼自己为“互联网寡妇”。这是因为，她们的丈夫或男友整日沉浸在虚拟游戏里，而忽略了与伴侣的情感交流，导致婚姻破裂或感情出现问题。她们抱怨说，她们的丈夫和男友宁愿每天与电脑显示器相对，而不是深情地注视恋人的眼睛；宁肯终日“抚摸”鼠标和键盘，却吝于给自己的妻子或女友一个拥抱。虚拟世界，俨然成了破坏人们感情和家庭的罪魁祸首。

我们能够理解，在网络“虚拟人生”的世界里，的确没有现实生活中的艰难，没有现实生活里的残酷，不需要面对各种复杂的社会问题，远离尘嚣，自由自在。人们可以做现实生活中所做不到的，甚至可以做现实中不可能做到的事。这样的一个地方，的确比现实生活更具有吸引力、更生动和更有趣，的确让人难以抗拒、难以自拔。但是，要知道，“虚拟人生”里的阳光也许可以温暖你的心，但是它终究温暖不了你的肌肤。

也许“虚拟人生”里的阳光可以温暖你的心，但是它终究温暖不了你的肌肤

第五章

虚拟，代替现实？

灵境：人类可能的未来?

虚拟，就是物理上的不存在。虚拟现实技术，就是要把一些不存在的东西，像变戏法一样展现在你的面前，让你感觉到它的存在，并且尽可能跟真的一样。

虚拟现实技术还有一个诡异的名字，叫做“灵境”，这个名字或许更能描述出虚拟现实技术的本质：沉浸、交互和想象。说白了，就是要综合计算机图形技术、计算机仿真技术、传感技术、显示技术等等各种先进科学技术，生成一种集视觉、听觉、触觉、味觉、嗅觉等多维感觉于一体的虚拟环境，使人可以进入这个环境中直接观察事物的内在变化并与事物发生交互作用，给人一种灵魂处于其间的真实感。

能够实现这种幻觉的辅助设备，已经越来越多：电脑系统、环形屏幕、头盔显示器、数据手套、数据服、眼动跟踪装置、正交电磁场定位装置及声、光、磁跟踪系统等。典型的虚拟现实技术系统，由效果产生器、实景仿真器、应用系统和几何结构系统组成。一般来说，你只要戴上头盔显示器、数据手套，穿上数据服，把四肢连接在自由运动支架上，你就能很不错地感受到跨越时空的奇妙感觉了——你不需要真正地走动，就能在世界各地旅行，甚至跟里面的人握手、交谈。

虚拟现实技术，使很多东西变得廉价起来：旅游、学习、娱乐、交流、探险……人类就是这样的聪明，通过改变自己精神世界的方式（有点像阿Q)，来得到一些廉价的快乐。而如此

美军士兵虚拟头盔显示器

改变主观世界的方法，恐怕也只有通过虚拟世界了！

在将来，也许一副小小的隐形眼镜，就能实现这样的效果。

英国科学家正在研究这样的眼镜，他们称作“隐形眼镜电视机”，预计将在10年内问世。这种隐形眼镜电视机不但能产生神奇的视听效果，还能以脉冲形式把影像中所表达的各种情绪传递给佩戴者。它将由人类体温供给能量，你只要说句话或挥挥手就能转换频道。这种隐形眼镜电视还可以用来上网、玩游戏。

科学家预测，未来的人类将可能真的生活在“灵境”中。有的人可能一辈子足不出户，“生活”在虚拟现实技术所营造的环境里，头盔、紧身数据服成了他们不可或缺的人造器官，犹如人体多长了一层皮肤。到那时，由人类的替身机器人从事物质生产，“灵境人”则进行艺术创造等高级活动。

据预测，到公元3600年，人类可能就会完成由人向“灵境人”的进化。那时，在“灵境”中生活的人类后代可能会把他们在自然环境中生活的祖先当成野蛮人、史前人类，并在日常生活中忘记了“野蛮人”的生活方式。

下面是科学家提供的一份“灵境人”进化表，仅供参阅。

2015年：传感手套获得双向功能，根据计算机的指令给手掌及手指提供刺激产生触觉；视觉触觉协调再加上立体声效果配合，“灵境”虚拟空间初步形成：当你看到自己的手与视场中的物体相接触时，你的手将获得相应的触觉；击打某一“物体”时，能听到从“物体”方向传来的声音。

2035年：压力传感手套扩展至压力传感紧身服，人的整个身体的动态形象在三维视界中重视。

2037年：行走传感器与计算机相连接，将虚拟出人行走的信号，为“不出门而走遍天下”创造了一个必要的条件。

2040年：整个人体的动态立体形象与环境中的其他特殊形象互相作用，由此产生相应的五官感觉输入。这样，我们身体的运用导致视觉听觉等的相应变化，使我们感受到一个独立存在的物理环境：往前看是汹涌澎湃的大海，一转身是巍峨耸立的群山，回过头来一看还是大海，只是远方刚驶来一艘漂亮的帆船……

2045年：计算机能力增强，使得全身的所有感觉与立体视觉相协调，从而我们体验到所有感觉都来源于人造视界中某个或某些物体。这是完全沉浸其中的体验：虚拟的摄泊空间完全形成，与自然环境隔离。

2050年：录触机进入实用阶段，利用压力传感服等装备，人们可以录制、重放触觉。

2060年：虚拟的摄泊空间与因特网结合，上网即进入摄泊空间，与其他上网的人进行感觉、感情的交流。远方的恋人还可以相互拥抱。

2070年：通过编程，人们可以在一定范围内选择自己的形象及环境的氛围，改变感觉的强度。

2080年：通过感觉放大或重整，人际交往的内容、感情交流的方式得到巨大的充实、改善。

2090年：在摄泊空间中的交往成为人们日常交往的主要方式。

2100年：遥距通信技术与机器人技术相结合，沉浸在摄泊空间的人的视觉、听觉、触觉等由远方机器人提供刺激源：一方面，机器人由计算机和马达驱动，重复远方沉浸者的动作；另一方面，机器人通过与人的器官一一对应的传感器官，与周围环境中的物体或生命体交往而得到远方沉浸者所需的刺激信号。这样，沉浸者就产生遥距临境体验。

2150年：机器人不但给远方的沉浸者提供感官刺激界面，而且重复沉浸者的动作主动向遇到的物体或生命体施加动作，完成沉浸者想要完成的任务。遥距操作初步实现。

2200年：遍布全球的机器人替身可与任何操作者一一接通。人们不需要真正的行动就可到达各个地方，完成各种不同类别的任务。

2300年：人类的大多数活动都在“灵境”中进行。

3000年：机器人替身遍布其他星球，我们通过遥距临境和遥距操作到天外观光、探索、开发、建设，或与外星人交往、合作。

3500年：人类生殖过程也通过遥距临境和遥距操作完成。小孩一出生就在“灵境”中长大，长大后完全依赖于“灵境”生活。头盔、紧身服等成了他们不可或缺的人造器官。他们从来没真正走动过，但又确实是哪儿都到过（这有点像科幻电影《黑客帝国》里的场景）。

3600年：在“灵境”中生活的人类后代把我们今天在自然环境中的生活当做文明的“史前史”，并在日常生活中忘记这个“史前史”。

5000年：人们开始创造新一轮的“灵境”……

有生命的“虚拟人”会出现吗？

如今，科学家们正在试图利用虚拟现实技术，来模拟几个科学中最费解的难题：宇宙起源、原子行为、地球未来气候、人类大脑活动。其中，倘若人类大脑活动的秘密能够解开，并能通过电脑模型成功模拟出来，那么，将来有一天，有认知能力、有自我意识的“虚拟人”，或将出现在我们的视野里，成为跟我们在一起生活的新的生命体。

瑞士洛桑联邦工学院大脑认知学研究所的神经科学家亨利·马克拉姆，就在进行这样的一个计划。这个计划叫做“蓝色大脑”，至今他已辛勤耕耘17年，成功绘制出老鼠大脑细胞图。接下来，他将制造出模拟人脑神经元的系统。马克拉姆希望，在2015年开发出一个“虚拟人脑”，它拥有人脑所有的1000亿个神经元。

目前，科学家们对人脑许多最基本的功能依然很不了解。马克拉姆的模拟系统以电子形式反映真实大脑的生物行为，利用数学原理模拟神经元之间的相互作用及神经传递素对这些细胞的影响。另外，这个模型经过调整，还能探究不同寻常的生理学变化（如大脑左半球亢奋或海马状突起功能遭削弱）和环境变化（如服药的影响）。随后研究人员可通过电脑图像对数据进行解读。

马克拉姆认为，他们正在打造的是一个大脑的万能模板，凭借它就能依据任何规格再造一个大脑。电脑巨头IBM公司协助马克拉姆的这项工作，收集了海量数据，设计完成一台功能强大的超级电脑，其运算能力达到每秒22万亿次计算。如此强大的运算速度，使其位居世界顶级超级计算机之列。IBM公司的绰号是“蓝色巨人”，显然，“蓝色大脑”计划中的“蓝色”两字就来自于这个绰号。马克拉姆表示，随着“蓝色大脑”计划在今后几年的不断完善，大脑“电路”之谜一经揭开，就可以从事有生命的虚拟体的创造了。

近百年来，生命科学取得了突破性进展，特别是近20年来，由于基因组计划的实施，“生命天书”的完成，使人们对生命的本质有了更深刻的认识，积累了极为丰富的资料和数据。但是，人们面对酷似“天书”的分析资料和数据，仍难以揭示生命现象的本质，因此只有进行分析、整理、归纳和综合，进行复杂体系的研究，才更有意义；只有将这些数据和分析资料“回归自然”和“活化加工”，才能为人类所利用。

现在，国际上已有两个“虚拟细胞”问世，一个是日本的原核虚拟细胞模型；一个是美国的真核虚拟细胞模型。它们已在医疗、教育、科学研究等方面，发挥了重要的作用。

比如在疾病防治方面，“虚拟细胞”不仅可以模拟细胞的发生、活动和调节的生理机制，而且可以了解和揭示疾病发病的过程，寻找到有效致病分子和标记分子，进行疾病的预警诊断，提出防治和干预措施，设计和试验新药物。在生物教育方面，虚拟细胞以其可视化的表现形式，可以生动、直观、透彻、逼真地重现细胞生命活动的各环节，并实现远程教育和电子教育。在科学研究方面，虚拟细胞可以代替或辅助真实细胞进行各种科学研究，可实现实际实验中很难实现的条件，预测试验的结果，发现一些在真实细胞实验中很难观察到的现象和规律。在社会生活方面，虚拟细胞是一个多功能的仿生环境，可以利用它来观察环境因素对人体的影响及其作用途径，提出防治措施；还可以利用它来模拟营养、药物、毒物对细胞的作用，避免对人和生物的直接作用所产生的不良后果。

此外，最重要的是利用“虚拟细胞”来创造人工生命，创造出一种具有自我意识、认知能力的“虚拟生命体”！

理论上说，虚拟生命是由计算机技术或虚拟现实技术创制出来的一种“生命形式”，他们只存在于计算机技术或虚拟现实技术构成的世界里。但是，当科学家把能够模拟大脑和人类活动的“大脑芯片”放入机器人体里，他们就可以站立起来，成为我们生活中的一员了。

这时，“虚拟生命体”就不只是存在于电脑的虚拟世界里面，他们就是我们现实世界里活生生的“虚拟人”了。

生命是什么？这些“虚拟人”究竟属不属于生命？这些问题，一定会让越来越多的人感到迷惑。一直以来，“生命”还没有一个满意的定义能被普遍接受，因为任何规则都有例外。比如绝大多数生命之物都繁衍后代，然而骡子却不行；绝大多数活的东西都有起新陈代谢作用的消化系统，但病毒却没有；地球上的生命是以碳为基础的，宇宙中其他星球上的生命是否也是这样？如果你要认为像我们这些有血有肉、有生有死的物体才是生命的话，也许那些地外星系的高智慧外星生命就要笑了，因为他们早就超越了肉体、超越了生死，成为只以意识加上金刚不坏之身的金属材料身躯（或者干脆就没有身躯）——生命的定义，可能远比我们知道的还要宽广得多。

就目前来看，“虚拟生命”可以有三种存在方式：一种只存在于虚拟世界（如计算机网络或虚拟现实网络）里，人们只有通过有关设备进入虚拟世界后才能接触到虚拟生命，并与它们发生交互作用。由计算机技术生成的虚拟生命一般是二维的，计算机屏幕作为人们与虚拟生命交互的窗口；而由虚拟现实技术生成的虚拟生命，则可以是三维形体的，人们通过有关设备身临其境并与它们发生交互作用。比如电脑宠物热带鱼，它们完全是生活在计算机的虚拟空间里，纯粹是屏幕上的动物，人们与之交互是通过有关的键钮——按下喂食键，屏幕上方就会有“食饵”落下，画面上的鱼就会马上对“食饵”做出反应，游过来争抢着吃“食饵”；如果你用手敲击屏幕，它们还会做出惊慌逃走的有趣动作。还有一些网络虚拟游戏里的小宠物，它们的外观被设计成小鸡、小狗、企鹅等生命形式，这些小生命会吃饭，会喝水，也要排便，还需要洗澡、散步、交朋友，生病了要吃药，还会死亡。当然这种虚拟生命也可以设计成人类的形象，很多“虚拟生活”游戏里的人的角色就属此类。而所有的这些行为和活动，不过是让人们定时按几个键钮，与之进行交互。

另一种“虚拟生命”，则可以以全息影像的形态出现在现实世界中，并以此形象与人们进行交互作用，然而它们的真正生命主体则存在于计算机或虚拟现实的设备里。人们通过设备上的按钮让其进行各种动作和行为，它们可以通过语音识别技术与人交流。如果将来科技足够发达，虚拟现实的设备能够随身携带、随时展示，那么这些以全息影像出现的“虚拟生命”将可以陪伴人类移动，你走到哪里它们就跟到哪里，不离不弃，成为你的忠实伴侣。你想要它们什么时候出现，它们就什么时候出来陪伴你。

还有一种“虚拟生命”，就是前面我们提到的可以活在现实世界里的“虚拟人”，它们以无机物或有机物为载体，外表也许是猫或狗，也可以是人或机器，甚至可能什么都不像，但这并不会妨碍它们与人们进行交往，而且它们本质上依然是虚拟生命，其生命主体存在于身体某处的电脑芯片或虚拟现实的软件之中。它们能繁殖、演化，进行创造性活动，既能适应计算机技术或虚拟现实技术所创造的虚拟环境，也能适应人们现实生活中的环境，甚至是生命不能生存的太空环境、极度恶劣条件下的环境。

要说这些人类创造出这些“虚拟生命”的意义，也许是用于科研，比如说搞清楚生命的演化过程，以及生命进化与生态系统之间复杂而巧妙的关系；也许是为了创造一种能借助软件来进行自我复制、自我繁殖的有用的有机生物，来延续我们的生命：把你的大脑复制之后放进“虚拟人”中，这样你的生命就能无终无止地生存下去了，它们会按照你的思维、你的行事方式、你的所有能代表你个人的特点，一直自我的生活下去，生生不息；当然，也许纯粹为了娱乐和服务大众，比如“虚拟生命”可以当人们的宠物、秘书、伴侣，让人们远离孤独、寂寞以及无趣的世界。

也许有一天，人类会非常的迷惑：“虚拟人”能够虚拟我，丝毫不差地按照我的所有特点去自行生活，成了“我”，那么，我自己又是谁？就连“虚拟生命”自己可能也会很迷惑：“我”是别人的虚拟体，那么我自己又是谁？我为什么不按照自己想要的生活去生活，而一味地重复和虚拟别人的东西？这些问题，已不是我们现在所能解决的了。

总之，现实与虚拟之间的距离正在逐渐缩短。虚拟世界的一大特点就是可以由人的主观意识来自由支配，从而让虚拟世界随着人的主观意愿而改变。但是如果这个世界变得越来越柔性，可以轻易随着人们的主观意志而改变，那么它还是真实的么？

什么是真实的？什么是虚拟的？也许越来越说不清楚了。很有可能到未来我们能看到这样的景象：当1000年（或者要不了1000年）后我们再回到地球，已经看不到任何人的影子了，我们看到的仅仅是自然的山脉、河流。我们人类在地球上蒸发了么？可能不是，而是我们学会了尽所有可能延伸我们的身体，而让意识独立存在。只要意识能够独立存在，那么我们就有可能选择让这些意识顺着自然的网络而流动。所以1000年后的地球可能到处都是“自由意志”（即“人”），他们共同生活在一个大的网络世界里面，但是却不能为我们这些现代的凡夫俗子所能看到。

这大概是“天人合一”的最高境界了。将来，人们将会逐步把科学推进到一种有些极端的位置，从而达到某种边缘状态。到了这个状态，科学可能就会到了其自身发展的极限。然而，这个极限真的存在么？